生态家园建设500问

第 四 版

唐春福　主编

中国农业出版社

编写人员

BIANXIE RENYUAN

主　编　唐春福

副主编　郭继业　王　莹　赵大伟　黄岳海　赵　伟

编　者　唐春福　郭继业　王　莹　周振生　赵大伟　黄岳海　赵　伟　栾云松　王成友　佟晓辉　武　平　张丽荣　林剑锋　刘中秋　马博海　高义海　叶宝军　杨　宇

2005 年 12 月，2005 建设节约型社会展览会，党和国家领导人吴邦国、温家宝、李长春、回良玉等参观了由辽宁省送展的“北方农村能源生态建设实用技术群组模型”。图为全国政协副主席刘延东在参观模型

2008 年 9 月，农业部在辽宁省阜新市组织召开全国“节能减排农村行”活动启动仪式

在“节能减排农村行”活动启动仪式上，农业部副部长张桃林（右二）、辽宁省副省长陈海波（右一）参观辽宁省农村能源办公室展区

2008年9月22日，农业部副部长张桃林（前排左一）、科教司司长白金明（右二）等到辽宁省沈阳市视察农村能源建设工作，先后视察了沈阳市于洪区沙岭街道园东小区生物质气化站、沈阳金秋实牧业能源环境示范工程。辽宁省农委主任刘长江（前排右三）陪同视察。图为张桃林副部长视察于洪区沙岭街道园东小区生物质气化站

2004 年 10 月，辽宁省国际农产品展销会，辽宁省委常委、副省长刘国强（前排左三）、省人大副主任杨新华（前排左二）、副省长胡晓华（前排右二）、省政协副主席徐文才（前排右一）参观辽宁省农村能源八大实用技术模型群组

辽宁省农委副主任张景山（左二）到锦州市黑山县检查指导农村能源建设工作，省农村能源办公室主任唐春福（右一）陪同检查

辽宁省丹东市北方农村能源生态模式（四位一体）集群

北方农村能源生态模式（四位一体）中的猪舍，猪舍下面为沼气池

辽宁省阜新市阜蒙县务欢池镇广民村生物质气化（秸秆气化）集中供气工程剪彩仪式

辽宁省鞍山市千山区东鞍山镇中后所村生物质气化（秸秆气化）集中供气工程

辽宁省沈阳市东陵区大甸子村生物质气化（秸秆气化）集中供气工程

沈阳市于洪区沙岭镇生物质气化集中供气小区

辽宁省大连庄河市鞍子山乡东方农社大型沼气工程

辽宁省大连市喷施沼液的兰花

辽宁省大连市被动式太阳房民宅，房顶为太阳能热水器

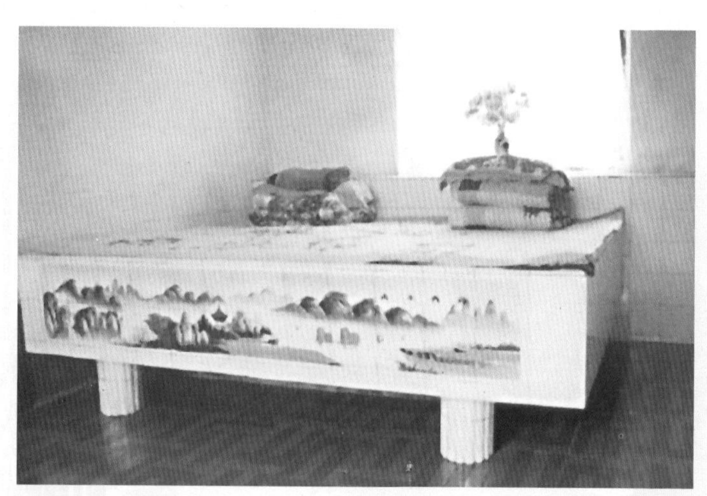

高效预制组装架空炕连灶（吊炕）

沈阳市苏家屯区马尔山村小型风力发电机群及风力发电路灯

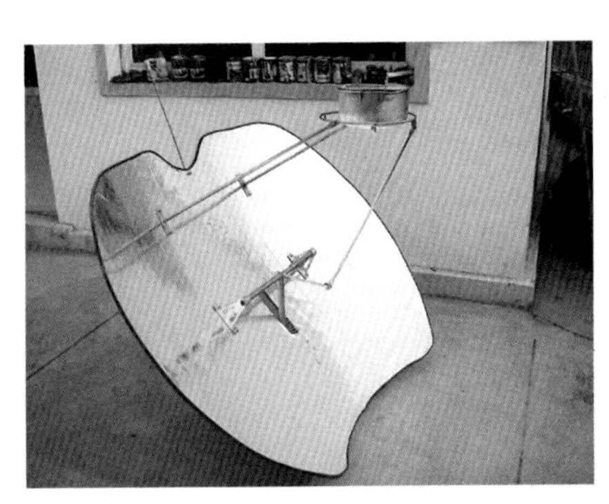

农户家中的太阳灶

辽宁省丹东市某驻军营区中的太阳能路灯

辽宁省黑山县农村能源技术推广总站全景

近年来辽宁省农村能源办公室组织专家编写的书籍和标准

内 容 提 要

本书以问答的形式阐述了北方农村能源生态模式、高效预制组装架空炕连灶、被动式太阳能采暖房、大中型沼气工程、生物质气化集中供气工程和太阳能热水器等农村能源建设的六项主要技术的基本知识、工艺特点、施工及验收方法。

本书内容深入浅出，简明易懂，凡具有初中以上文化程度的读者都可读懂、会用。本书可作为农村能源培训班的教材，也可供从事农村能源的工程技术人员及大专院校相关专业的师生阅读参考。

前 言

为进一步提高从事农村能源的管理人员和工程技术人员整体素质，推动我国农村能源建设事业的健康发展，根据劳动和社会保障部、农业部关于从事农村能源的工程技术人员要持证上岗的要求，我们组织了具有丰富的理论知识和多年实践经验的专家编写了这本科普读物。

本书以问答的形式比较系统地介绍了六项农村能源实用技术，目的在于普及和提高从事农村能源的管理人员和工程技术人员的理论水平和操作技能。如果本书能对从事农村能源的管理人员和广大工程技术人员增加知识、扩大视野、开拓思路有所裨益的话，那就算未负我们的心愿。

本书北方农村能源生态模式部分由高级工程师赵伟编写；高效预制组装架空炕连灶部分由教授级研究员郭继业编写；被

动式太阳能采暖房和大中型沼气工程部分由高级工程师黄岳海编写；生物质气化集中供气部分由高级农艺师王莹编写；太阳热水器部分由高级农经师赵大伟编写。

本书除可供从事农村能源的工程技术人员使用外，还可供大专院校相关专业的师生阅读参考。由于编者水平有限，加之时间仓促，难免有不妥之处，敬请读者批评指正。

书中所提供的农药、化肥施用浓度和施用量，会因作物种类和品种、生长时期以及产地生态环境条件的差异而有一定的变化，故仅供参考。实际应用以所购产品使用说明书为准。

编　者

2003年9月

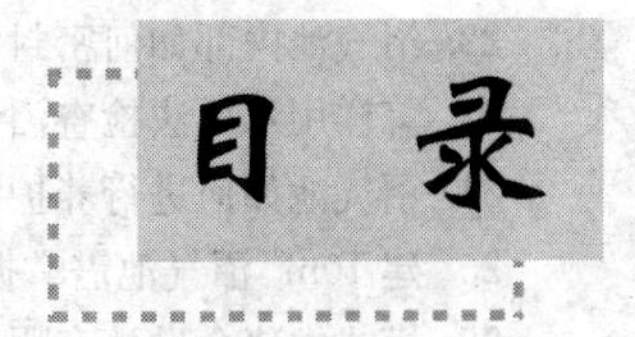

目录

一、北方农村能源生态模式

1. 什么是北方农村能源生态模式？

北方农村能源生态模式（以下简称模式）是近十年来经过辽宁省农业科技人员的不断努力研究，农民的反复实践，创造出来的一种发展高产、高效、优质农业生产模式。它是依据生态学、经济学、系统工程学原理，以土地资源为基础，以太阳能为动力，以沼气为纽带，种植、养殖相结合，通过生物能转换技术，在农户土地上，全封闭状态下，将沼气池、猪禽舍、厕所、日光温室联结在一起组成模式综合利用体系。它可以解决北方地区沼气池安全越冬问题，使之常年产气利用，既促进生猪的生长发育，缩短育肥时间，节省饲料，提高养猪效益，还能为温室作物提供充足的肥源，提高作物的产量和品质，增加农户收入。它是在同一块土地上，实现产气、积肥同步，种植、养殖并举，建立一个生物种群较多，食物链结构健全，能流、物流较快循环的能源生态系统工程。成为持续发展“高产、优质、高效”农业的一种模式。

2. 北方农村能源模式有几种结构类型？

目前辽宁省各地利用模式技术，依据不同地区的生产方式、经营水平的差异，而形成以下类型的模式结构。

（1）根据建筑材料不同可分为土木结构和钢砖结构。

土木结构是指在建筑与施工中，沼气池采用混凝土浇筑而成，温室由土泥后墙、竹木骨架组成。优点是简单易行，就地取材，节省材料，降低成本。但使用寿命较短，抗风雪能力差。

钢砖结构是沼气池建筑与土木结构相同，指温室部分为砖墙、钢架结构，其优点是使用寿命较长，经久耐用，利用效果好，但成本较高。

（2）根据结构方位及布局不同可分为前后结构和左右结构模式。前后结构模式一般是指沼气池、猪禽舍、厕所位于薄膜温室的后部。即沼气池出料口位于温室内，而池体本身及猪舍、厕所位于温室后部。

左右结构模式一般是沼气池、猪禽舍、厕所位于日光温室的一端，沼气池出料口位于温室内。

前后结构与左右结构模式主要取决于农户庭院的大小，但从多方面情况看，一般常用的还是左右结构为好，前后结构容易使后部遮光而影响温度和效果。

（3）根据生产结构布局可分为“三位一体”和“四位一体”模式。

“三位一体”模式结构主要包括：沼气池、猪（禽）舍、厕所，主要适用于农户庭院窄小，以养殖业生产为主的农户。其特点是简单，运用灵活。

“四位一体”模式主要包括沼气池、猪禽舍、厕所及温室种植结构部分，它也是取决于农户的庭院大小以及经济与生产能力，其特点是能源生态转换利用好，生产范围较宽，综合效益较高。

3. 北方农村能源生态模式有什么功能？

凡是按模式技术标准建设的模式，具有以下七大功能：

（1）增保温功能。由于模式的优化结构能充分利用太阳能，塑膜覆盖的圈舍、日光温室，积累了太阳能可感热，同时它的外围墙体是由保温效果好的复合墙体砌筑而成，所以它的采光、集热、保温效果好，冬季 12 月到翌年 2 月模式内、外温差达到 20℃以上，为冬季畜（禽）、蔬菜生长及沼气厌氧发酵，提供了适宜的温度条件。

（2）供肥功能。由于模式和养殖业结合在一起，它能为种植业提供两种肥料：①沼肥，它是含氮、磷、钾齐全而且无公害的有机肥料，并能改良土壤、培肥地力；②二氧化碳气体肥，它的来源是猪（禽）呼出的二氧化碳，沼肥的继续分解也能放出二氧化碳，点燃沼气增温时也放出二氧化碳，所以模式中二氧化碳含量达 800～1 200 微升/升，增强蔬菜光合作用，提高质量，能增产 20％。

（3）制取沼气的功能。在模式的生产运行中，人、畜粪便直接进入沼气池，通过厌氧发酵产生沼气，年产沼气约 300 米^3，可供 4 口之家 7 个月的生活燃料，使农民能用上像城市煤气一样的洁净能源。农户可以用沼气点灯照明、烧饭以及给温室增温。

（4）养殖生产功能。每年模式可以养 5～20 头猪，由于圈舍的封闭效应，改善了北方冬季畜禽生产条件，比如 1 月份原来敞圈是－20～－3℃，而模式内的猪（禽）舍是 4～13℃，比敞圈高出 10～24℃，很适宜猪（禽）的生长，利用模式养育肥猪由过去敞圈 10～12 个月出栏，降到 5～6 个月出栏，料肉比由 6 千克饲料长 1 千克肉，降到 3.5 千克饲料长 1 千克肉。缩短了育肥期，节省了饲料，降低了养猪成本。

（5）种植生产功能。由于模式内适宜的温度，很适合各种蔬菜、瓜果、食用菌的生长，每平方米可生产蔬菜 10 千克，由于模式内全部施用沼肥，所生产的蔬菜是一种无公害的绿色食品，很受群众欢迎，增强了市场竞争能力。

（6）净化环境功能。农村的畜（禽）舍、厕所都坐落在农户的庭院，它们常年向地下渗透，不但污染水源、空气，还孳生蚊蝇。有了模式，人、畜（禽）粪便进入沼气池，粪便中的大肠杆菌、痢疾杆菌、寄生虫卵等在厌氧发酵中被杀死，同时蚊蝇、蛆也没有繁殖的地方，消灭了污染源、发病源，有力地控制了疾病的发生和改善了农村卫生面貌。

（7）物质循环、相互转化、多级利用。模式充分利用太阳能，使太阳能转化为热能，又转化为生物能，达到合理利用。通过沼气发酵，以无公害、无污染的肥料施于蔬菜和农作物，使土地增加了有机质，粮食增产，秸秆还田，并转化为饲料，达到用能与节能并进。如猪呼出的二氧化碳通过模式内山墙的通气孔流入日光温室，使温室内二氧化碳含量增加到0.08%～0.12%，蔬菜产量提高20%左右。促进传统农业向现代化农业迈进。

4. 农民经营模式生产将带来什么好处？

农民经营模式生产可以得到以下好处：

①农民在庭院或田间建模式可以充分利用空间，搞地下、地上、空中立体生产，提高了土地的利用率；②高度利用时间，不受季节、气候限制，在新的生态环境中，生物获得了适于生物生长的气候条件，改变了辽宁省一季有余、二季不足的局面，使冬季农闲变农忙；③高度利用劳动力资源，模式是以自家庭院为基地，家庭妇女、闲散劳力、男女老少都可从事生产；④缩短养殖时间，延长农作物的生长期，养殖业和种植业经济效益高，一般每户年可养猪10～20头，种植蔬菜150米^{2}以上，年纯收入5 000元，是大田作物的45倍；⑤开发了新能源，平均每处模式年产沼气量300米^3，相当于1 400千克秸秆，使农民用上了类似城市煤气一样的洁净能源；⑥为城乡人民提供充足的鲜肉和鲜菜，繁荣了市场，发展了经济。

5. 发展北方模式应该遵循哪些原则？

（1）坚持综合建设。北方农村能源生态模式建设，是一次性投资较多的项目，应全面考虑统筹安排，做到结构先进合理，做好产前、产中、产后的服务工作，以减少不必要的损失。

（2）坚持规模效益。模式是以资源综合利用、发展商品经济为主，所以要在一定的区域内把千家万户组织起来，统一发展模式生产，使小庭院构成大规模，汇集成更大的商品量，以便与市场接轨。

（3）坚持因地制宜。为了使模式生产符合当地的实际情况和客观规律，在建模式前要加强调查研究，搞好科学论证、科技咨询，开展可行性分析研究。要发挥优势，趋利避害，不断推动模式的发展。

（4）坚持建设配套化，生产综合化。模式只有配套建设，使其内部结构齐全，才能达到生产综合化，才能使经营者因地制宜，综合安排，挖掘生产潜力，开发各种资源，达到多极开发、生产有序、技术集约、良性循环、提高效益的目的。

（5）坚持科学经营的原则。模式的空间布局要主体配套，生产周期要长短结合，品种选择要做到人无我有，人有我优，经营管理环环紧扣，随机应变。

（6）坚持质量第一。模式建设必须按设计标准进行施工。施工队伍要经过技术培训，考试合格方可上岗。建筑材料，特别是砌筑沼气池的水泥必须达到标准。施工后要进行质量检查验收，保证建一处，合格一处，投入正常使用一处。

6. 设计北方模式的要求有哪些？

在建模式前要进行总体设计，主要内容是：①建模式场地应选择在农户房前、屋后或大地，选择场地宽敞、背风向阳、没有树木和高大建筑物遮光的地方；②在农户住房后院建模式，工程前脚到房脊后墙的距离，要超过房脊高度的 3 倍；③模式工程的方位，坐北朝南，东西延长，如果受限可偏东或偏西，但不得超过 15°；④模式工程面积，应依据庭院大小而定，通常为 100～500 米²。在日光温室的一端建 20～25 米² 猪（禽）舍和厕所，地下建 6～10 米³ 沼气池。

7. 模式工程的方位应如何确定？

（1）罗盘测定方位。

（2）棒影法。上午 10 时左右，在即将建温室的地方立一根长 1.5 米左右的直棒，并用白灰将棒影划出，取棒影长细绳，一端以立棒点为圆心，以棒影长为半径画弧，与上午的棒影有一交叉点，待下午 2 时前后棒影与圆弧交叉时，划出该棒影，以圆弧与两个棒影交叉点为圆心，以适当长度为半径画弧，两圆弧有一个交叉点，连接立棒点与这一交叉点的连线就是正南正北方向。

（3）棒影法。在即将建温室的地方上午 11：40 立一直棒，其棒影方向为南偏东 5°，12：20 棒影方向为南偏西 5°。

8. 田园式前后模式之间的距离应怎样确定？

在成片发展模式群的地方，就会出现前后两栋之间距离的问题，如果前后两栋模式之间距离过近，在冬至前后太阳高度角最低时，前一栋模式会对后一栋造成遮光。因此，在建造连片的模式时，应该十分注意前后栋的间距问题，定前后栋两排模式间距，应该从冬至日 10 时（真太阳时）前排模式不对后排模式产生遮光为准，并使后排模式在冬至前后日照最短的季节里，每天也能保持 4 小时以上的光照。

9. 北方模式施工有哪些要点？

北方模式施工顺序为先建沼气池，其次建日光温室，最后完成畜禽舍和厕所。

在北方模式总体平面内划出畜禽舍位置，然后在其宽度的中心线上，以畜禽舍内山墙和中心线的交叉点为基点，沿中心线向猪舍方向量出沼气池半径加 60 毫米（池壁厚）的距离作为建池中心，进行建池。

在选好的沼气池池址按 GB/T4752 沼气池施工操作规程要求，建好沼气池。

沼气输气管路，按 GB/T7637 规定执行。根据需要，沼气管路可通过日光温室引到灶前。

在沼气池北侧砌筑后墙。

在池址东西两侧砌筑山墙。

日光温室屋面骨架可选用不同材料制作，主要分为无支柱骨架和有支柱骨架两种。

无支柱骨架：有条件的地区，以选择强度较大的钢骨架为宜；也可选用带筋抗碱玻璃纤维增强水泥骨架或带筋轻烧镁材料制作的骨架等。

有支柱骨架：常见的有竹木骨架、钢筋混凝土预制件与竹木拱杆混合骨架和 8 号镀锌铁线与竹木钢筋混凝土骨架。

大跨度的钢骨架上弦直径一般为 19 毫米钢管，下弦用 ϕ14 钢筋，加强钢筋用 ϕ12 钢筋焊制；跨度 7.0 米、7.5 米日光温室钢骨架直径一般上弦用 12.7 毫米钢管，下弦用 ϕ12 钢筋，加强筋用 ϕ10 钢筋焊制；跨度 6.5 米及以下钢骨架直径一般上弦用 12.7 毫米钢管或 ϕ12 钢筋，下弦用 ϕ10～12 钢筋，加强钢筋用 ϕ10 钢筋焊制。架距 0.9～1.0 米。纵向拉结筋用 ϕ10～12 钢筋。

竹木骨架结构的施工要点是：

（1）在山墙上架设木梁，梁上每隔 4 米设中柱。

（2）中柱地下埋 0.5 米，距后墙 1.2～1.5 米。

（3）后坡在梁与后墙之间，每隔 1 米架设一根檩木，并用荆条编制坡面，其上放秸秆或稻草，培土抹泥，形成坡状保温，后坡总厚度 600 毫米以上。

（4）日光温室前部设前柱，其地上部分高 2～2.5 米，距中柱约 2 米，每隔 4 米设一个前柱。距前柱顶端 300 毫米处绑纵拉杆，纵拉杆与棚杆之间用 300 毫米长小吊柱将棚架支起固定。

（5）距棚边 0.5～1 米远设边柱，边柱向外倾斜成 70°，以增加支撑力。间距与支柱相同。

（6）埋好的立柱角度和高度要一致，在一条直线上。

（7）棚架由木杆、竹竿或竹篾组成，间隔 1 米。

日光温室覆膜时要在无风天上午进行。覆膜时要一次拉紧，覆膜后压紧固定，以防棚膜被风鼓动。

10. 建设北方模式应坚持哪些设计原则?

技术先进，结构合理，经济耐用，便于推广。在满足北方模式生产和发酵工艺要求的前提下，兼顾肥料、环境卫生和种植业、养殖业的管理，充分发挥沼气池的综合效益。因地制宜，就地取材，池型达到标准化。坚持四位一体，即沼气池与畜禽舍、厕所、日光温室相连接，人畜粪便直接进入沼气池，有利于粪便管理；改善卫生环境，种植业能直接利用无公害的沼肥。

11. 建模式前怎样放线?

首先在建模式的地方画出模式的总体平面，用灰线标记好，然后在模式总体平面内的东侧或西侧画出日光温室、猪禽舍的面积，其边际用灰线标记，再画出模式宽度的中心线，以中心线和猪舍与日光温室的边界线的交叉点为起点，以沼气池的半径加6厘米为距离，在猪禽舍内沿中心线量出池的中心点。以池的中心点为圆心，以池的半径加6厘米为半径画圆，并用灰线标记，标出沼气池位置。同时在模式中心线上确定好进料口中心点和位于日光温室内的出料口中心点，用白灰做好标记。

12. 沼气池设计有哪些要点？

（1）按照“四位一体”原则进行设计，做到沼气池、日光温室、种植业、养殖业相结合。

（2）沼气池建在北方模式的一端，位置应距农舍灶房、看护房较近，距离一般不超过25米。

（3）沼气池位于畜禽舍下面。沼气池和沼气池出料口、进料口的中心位于北方模式南北宽度的中心线上。如果建两个进料口时，进料口、出料口、池拱盖三处的中心点所形成的夹角不应小于120°。

（4）沼气池主池选用水压式底层出料池型：圆柱体池身，正削球拱形池顶，无活动盖，导气管由池顶壁引出，反拱形池底。对于使用发酵原料容易在池内结壳、酸化的，应采用两步发酵自循环沼气池型。

（5）采用双进料口或单进料管，直管进料，进料管在池体中下部直插，进料口下端距池墙上端0.3米。

（6）进料管可采用混凝土预制管或成品管，内圆直径为0.25～0.3米，长度根据沼气池布局及进料口位置而定。

（7）出料间位于主池体一侧，通过出料口通道与池体相联结，出料间上部为水压间。

（8）沼气池容积按每人每天用气量0.2～0.3米^{3}计算，同时综合考虑饲养畜禽数量和生产用肥量，可选6米^3、8米^3、10米^{3}三种规格。

13. 建一个 8 米^3 底层出料水压式沼气池应该准备哪些主要材料?

一般建一个 8 米^3 的沼气池需要 325 号或 425 号水泥 1 吨，沙子 2 米^3，碎石（直径 1～3 厘米）0.6 米^3，红砖 600 块，陶瓷管（直径 0.2～0.3 米，长 0.6 米）1～2 根，钢筋（直径 0.014 米）1.2 米，8 号铁线 3 米（做活动盖用），导气管一根（直径 0.008～0.01 米），长度 0.25 米。如果建 10 米^3 的沼气池，其水泥、砖、沙再增加 10%，6 米^3 沼气池水泥、沙、砖比 8 米^3 的沼气池用量要减少 10%。

14. 拌制混凝土时应该注意哪些事项?

在现浇拌制混凝土时，必须严格控制水灰比，一般不得大于 65%，所采用的砂，其泥土含量不超过 3%；云母含量在 0.5% 以下。碎石的最大粒径不能大于 3 厘米，泥土含量不应大于 2%。

拌制混凝土应在铁板上，或清洁平整的水泥地面，或砖铺地面进行。先将沙子摊平，将水泥倒在沙子上，用锹拌三遍，堆成长方形，然后在中间挖一凹形槽，均匀倒入石子，先将 2/3 的用水量加入拌和，边翻捣边加入石子并随拌随洒上 1/3 的用水量，直至拌和均匀，颜色一致为止，拌和后应在 45 分钟内使用完毕。

15. 沼气池池容与畜禽饲养量如何相匹配?

建 6 米^{3}的沼气池应饲养 5 头成猪、167 只成鸡、2 头成牛；建 8 米^{3}的沼气池应饲养 7 头成猪、222 只成鸡、2 头成牛；建 10 米^{3}的沼气池应饲养 8 头成猪、278 只成鸡、3 头成牛。

16. 所选 6 米^3、8 米^3、10 米^3 沼气池主要几何尺寸有哪些?

容积为 6 米^{3}的沼气池内直径为 2.40 米，池墙高为 1.00 米，池顶矢高为 0.48 米，池顶曲率半径为 1.74 米；容积为 8 米^{3}的沼气池内直径为 2.70 米，池墙高 1.00 米，池顶矢高为 0.54 米，池顶曲率半径为 1.96 米；容积为 10 米^{3}的沼气池内直径为 3.00 米，池墙高为 1.00 米，池顶矢高 0.60 米，池顶曲率半径为 2.18 米。

17. 直管进料底层出料无活动盖沼气池有哪些优点?

（1）密封性好，便于管理。国标沼气池活动盖一般采用黄黏泥密封，达到密封不漏气非常困难，压力稍高一点沼气就冲破泥层跑掉，蓄水圈如缺水干燥或受冻也会造成黏泥干裂跑气，而无活动盖沼气池不会出现上述现象。

（2）有利于贮气箱保潮养护。有活动盖沼气池，如用户稍微不慎，敞口池口或空池时间稍长，贮气箱密封层就会失水干燥收缩，出现龟裂，造成漏气。无活动盖沼气池避免了这一问题。

（3）施工方便，省工省料。由于取消了活动盖，节省了用工和材料。

（4）取消活动盖能增加猪舍的有效面积约 1 米^3。

（5）采用直管进料，有效地解决了进料管接头断裂漏水问题。陶瓷管上端位于拱角之上 0.30 米左右，即使漏水也不影响使用，维修也方便。

（6）大出料方便。底层出料，适当增加了出料口通道和出料间直径。小出料把出料器伸入出料间底部即可抽出沉渣。大出料时，操作者站在出料口池底，不必进入发酵池，确保了安全。

18. 沼气池如何放线挖池坑？

首先确定正负零的高度，池坑深度按图纸确定，沼气池气箱拱顶距畜（禽）舍地面保持 0.30～0.40 米，防止拱顶覆土过薄，气压过高时胀坏气箱，造成漏气。

以 8 米^{3}沼气池为例，池内直径 2.70 米，池壁厚 0.005 米，放线挖池坑直径为 2.80 米，深度为 2.00 米。池底为锅底形状，中心点比边缘深 0.25 米左右。出料间直径为 1.18 米。放线挖池坑直径为 1.30 米，深为 2.25 米，与主体池坑底相平或稍深一些。放线时，出料间与主体池坑最近点相距 0.12 米左右，切不可间距过大，以免主体池与出料间通道过长，结构不紧凑，既费工费料又不利于大出料。主体池与出料间呈一 U 形浅沟。如土质坚实，出料通道上部原土墙不要挖断，既省工又省料。出料间通道开方规格以高 1.1 米，宽 0.9 米为宜。池壁要求规整、光滑，上下垂直。为了保证池坑的圆弧度，池坑中心要竖桩，用小绳或木杆等以半径规圆。进料口土方待气箱起拱后再开始挖，地面与进料管上端形成约 45°角，以利于厕所进料。

19. 如何浇注池壁？

浇注池壁前，先用红砖砌筑出料口通道并起拱，砖墙与土壁间隙要灌满灰，防止胀裂，小拱上顶灰浆要饱满，拱顶上部与原土墙有间隙要用砖块碎石砌严。通道净高为 900～1 000 毫米，小拱底部最高点距储气箱拱角 250～300 毫米，宽度为 600～700 毫米，便于施工人员出入和大进料、大出料。通道两端以伸入主体池和出料间 50 毫米为宜，有利于与主体池结合坚固。

池底、池墙、水压间下半部全部采用混凝土现场浇注。主体池气箱（拱盖），进、出料口上端用红砖砌筑。池壁厚度为50毫米，用砖做内模时不用带泥口或灰口，砌一圈筑一圈，然后振捣密实，砌内模时，砖模与土墙间隙为40～45毫米为宜，人工振捣后，间隙会自然增大，达到设计厚度。

拌制混凝土应在铁板、水泥地面或用砖现场铺地面进行。水泥、沙、碎石按1∶3∶3配制。现场操作可按1袋水泥（50千克），3挑沙，3挑碎石（每挑沙和碎石按50千克装料）配制。混凝土水灰比不宜过大，控制在1∶0.65左右，有较好的和易性。混凝土应现拌现用，存放过久会影响效果，混凝土池墙高度为1 050毫米（包括池底厚50毫米），水压间因直径小，砖模要用立砖摆放才能呈圆桶状，浇注高度与主体池墙上口相平。整体浇注必须在半天时间内完成。

20. 主体池气箱拱盖如何施工？

用砖做模的沼气池，拱盖可用拆模砖砌筑，但必须等1～2小时后，池壁混凝土初凝时再拆模砌筑，以防池墙混凝土脱落塌方，阴雨天最好不要拆池墙砖模。

在砌筑拱盖前，先要安放好进料管，一般利用直径200毫米，长600毫米左右的陶瓷管，管内穿绳拴挂在地面的木桩上，进料管喇叭朝上，上下垂直，紧贴池壁固定好，插入池内深度距拱角250～300毫米为宜，砌筑拱盖可用铁钩或挂绳法固定砖，先由进料管开始砌，进料管周围要用水泥加固。砌筑拱盖的砖，要选择质量好的，先用水浸湿，保持外湿内干，用1∶2水泥砂灰砌筑，砂灰和易性要好，灰口饱满，砖与砖要顶紧，每砌筑一圈，要用小石头嵌牢，边砌筑边注意拱盖弧度，每砌筑3～5圈，拱盖外壁用1∶3水泥砂灰抹实，拱角处第一圈砖上层抹灰时，厚度要达到30～50毫米，用以代替圈梁。随砌随抹灰，随即由外向内均匀地回填土。回填土前，进料管上部也要砌几层砖，防止回填土由进料管进入池内，进料口宽240毫米为宜，长度因户而异。注意第一次回填土约60%即可，防止塌方，其余土量在次日池内密封前回填一部分，整体池内完工10天后可全部回填完。水压间上半部用1/4砖立砌，1∶3水泥砂灰浇注。

在拱顶正中央安放直径9～10毫米铜导气管，插入深度以池内密封层完工后露出10毫米左右为宜，拱顶中央用4条500～700毫米长钢筋摆放成井字形，抹灰要加厚、加固，以防沼气池运行压力过大胀坏气箱。在导气管周围，砌一个深200～300毫米，边长180～200毫米方形围护墙，在输气管引出方向预留出缺口。猪舍地面以下可砌暗沟或放一个内径为20～50毫米铁管或塑料护管，以便引出输气管，导气管上面盖上活动盖板，防止输气管被猪啃坏，活动盖板规格240毫米×240毫米，厚度为50～60毫米，可用2块红砖代替。

21. 怎样进行沼气池池底施工?

池拱盖完工后，马上进行池底浇注，先用碎石铺一层池底，用1∶4的水泥砂浆将碎石缝隙灌满，然后再用水泥、砂、碎石按1∶3∶3的混凝土浇筑池底，厚度要达到80～120毫米。

22. 沼气池内部如何密封?

由于取消了活动盖，密封层施工可用100～200瓦灯光照明，施工前，必须把主体池内壁灰耳、毛边等铲掉，并用水泥砂灰把较大一些的缺损部位补好。

沼气池密封层一般采用7层和3层做法，贮气箱采用7层做法，池底、池壁、水压间、进出料口通道等处采用3层做法，具体施工程序如下：

(1) 贮气箱部位刷一遍纯水泥浆，主要起黏结作用，比较干燥部位反复多刷一些。

（2）底层抹灰。采用1∶2或1∶2.5水泥砂灰全池普遍抹一层底灰，基本找平。气箱拱角处要加厚、加固。

（3）贮气箱抹素灰层。气箱底层灰结束后立即均匀抹一层素灰防漏层，厚度0.8～1毫米。

（4）抹砂灰层。贮气箱素灰层结束后再抹一层1∶2细沙灰，厚度为3～4毫米。

（5）抹素灰层。为了增加防漏效果，贮气箱部位再抹一层素灰层，做法同（3），厚度为0.8～1毫米。

（6）面层抹灰。气箱素灰层结束后，整池全部抹一层细砂灰，气箱部位用1∶1或1∶1.5水泥砂灰，其余部分用1∶2水泥砂灰，砂也要过细筛，防止出现砂眼。此层为第六层密封，池壁、出料口通道和水压间等处为第二层密封层。要反复压光、抹匀，池内各部位抹成圆弧形状。以上六层灰应在10小时内完成。

主体池抹灰结束后，现场浇注池底，如土质坚实，混凝土直接浇注在地面上，池底边缘与池墙衔接处要适当加厚一些，代替池壁圈梁，池底厚度为40～50毫米，振捣密实，然后抹一层1∶2水泥砂灰即可，厚度8～10毫米，施工结束后，要封好进料口和出料口，保潮养护。

面层刷素浆，全池抹灰层结束后，于次日可刷素灰浆，用于面层素灰浆的水泥要用细箩过筛。全池可横竖交替刷浆2～3遍。每隔5～8小时刷一次。刷浆时对整体池进行检查，发现有砂眼，可用铁钉尖把砂眼开大一些，用素灰堵严，反复刷好。特别对进料管周围与池壁衔接处要仔细刷好、检查好。

23. 怎样用水压法检查沼气池是否漏水漏气？

（1）将压力表安装在池盖上的铜导管上之后，往池内加水，待压力表指针正好指在10的位置时停止加水，24小时后观察，如指针不动，说明气箱不漏气，然后再往池内加水直到与进料口一平时，停止加水，24 小时后再观察，如水位没下降，说明池子合格，可以投料了。

（2）如果第一次加水打压时压力表指针下降，则拔下压力表，待水位不再下降时，记下水位，将池内水全部抽出，在水位线处往上重新刷两遍浆，重点抹好刷好瓷管所有部位及厕所滑道。刷后 3 天重新打压。

（3）如果第二次加水到进料口时水位下降，则将水少抽出一部分，然后将水位上部位重新刷两遍浆，重点部位同上，刷后 3 天重新加水至进料口，再观察 24 小时，如果水位没降则池子合格，可以投料。

24. 沼气池如何进行养护？

施工结束后，把进料口、出料口及拱顶全部盖好，包潮养护，防止风干。早春、晚秋注意防冻，地下水位会继续增高，空池时易胀坏池体，应及时入料或往池内加水，抵消外部压力。

25. 建 10 米^3 沼气池需掌握哪些技术要点？

（1）池墙厚度 10 厘米，即浇注混凝土 8 厘米，抹灰 2 厘米，池底厚度成活 17 厘米，即浇注 12 厘米，抹灰 5 厘米，浇注混凝土 150＃，其重量比例为 1∶3∶3

（2）池内成活直径 3 米。

（3）池内成活总高 1.98 米。

（4）池内拱角至窑门 25 厘米，拱角至瓷管下沿均为 30 厘米。

（5）窑门宽为 65～70 厘米。

（6）出料口成活直径为 1.1 米。

（7）进出料口要在同一水平高度，同时高于池顶内侧 30 厘米，出料口一次成活高度要高于拱角 90 厘米。

（8）池底圆心处成活后要比出料间底高出 10～12 厘米，池墙底线要比圆心高出 38 厘米。

（9）拱盖曲率半径为 2.18 米，拱高为 60 厘米。

（10）拱盖必须在池墙浇注 20 小时之后进行，否则会出现拱盖塌方，既浪费材料和时间，又容易造成人身伤害等事故。

（11）瓷管的整个部位和厕所滑道是最容易漏水漏气的地方，沼气池的产气效果好坏就在于这个部位的施工质量。因此，在施工时必须绝对要密封处理，即用大灰号水泥砂灰抹好，在刷浆时也是重点部位。

（12）液位标高瓷片要在抹最后一遍灰时贴上，以拱角为中心线上下各 10 厘米。

（13）厕所滑道的方向要与内山墙垂直，在砌厕所时，蹲位处要再加高一层卧砖，以免池内压力大时粪便溢出厕所地面。

（14）池子养护、抹灰及刷浆后，都必须用塑料布将进出料口封好，以防风吹日晒造成龟裂，尤其是进料口厕所滑道部位要把整个部位包起来，不准只堵塞瓷管。

（15）猪圈墙的高度以猪跳不出来为限，一般为 1 米，上边用透明塑料挡成内山墙形状直到大棚拱架上。猪圈墙的中间部位留出 24 厘米见方的一个换气孔，孔的下沿距猪圈底 70 厘米。塑料布上也要留 1 个 24 厘米见方的孔，孔的下沿距猪圈底 160 厘米，猪圈的内墙要抹光。

（16）打猪圈底时要预埋管道以便日后更换沼气管。

26. 模式内猪舍设计有哪些要点？

（1）猪舍设计，要把采食、排便、活动和趴卧分开。

（2）猪舍建在沼气池上面，日光温室的一端，猪舍外部形状与日光温室相一致。

(3) 四位一体北方模式的日光温室与猪舍之间用墙间隔，沼气池水压间位于日光温室内。

(4) 内山墙基础以上，700毫米高度以下，墙厚为240毫米，其余墙厚为120毫米。墙壁留两个换气孔，孔口为240毫米×240毫米，低孔下端距地面700毫米，高孔下端距地面1.5米。

(5) 猪舍屋面采用起脊式，前坡0.8～1.0米长，为固定式前坡，坡度角和日光温室相同，保持猪舍冬暖夏凉。

(6) 猪舍南端距棚脚0.5～1.0米处，设1.0米墙或用钢筋焊成护栏。

(7) 北侧设走廊，宽1.0米，廊墙用砖砌或用钢筋焊制，高1.0米。

(8) 在猪舍地面上距离南棚脚1.5～2.0米，距外山墙1.0米处，建长400毫米，宽300毫米，深100毫米的集水槽兼集粪槽。年降水量在400毫米以下的干旱区可不建集水槽。

(9) 输气管路由暗槽直通猪舍外，在导气管上端留两块活动砖，以便检修。

(10) 猪舍水泥地面高出自然地面0.1米，抹成3%～5%的坡度，坡向集水槽，便于粪便收集及夏季排水。年降水量400毫米以下地区，可坡向进料口。

(11) 猪舍北侧设置木制猪床，缝隙10毫米，床下地面坡向集水槽。

(12) 猪舍北墙中间距地面1.2～1.4米高度，设一个长400毫米，宽300毫米的通风窗。

(13) 在猪舍棚顶背风面设排气孔，其大小和数量根据养猪数量而定。面积20米^{2}的猪舍，养猪20头以内，设直径为300毫米圆形排气孔一个。

(14) 在猪舍内一角设厕所，面积1.0米^2，蹲位应比地面高出0.2米左右。

（15）厕所集粪坑距沼气池进料管位置应较近，粪便经一平直光滑的暗槽沟流入进料管，暗槽沟坡度大于45°。

（16）庭院式北方模式的太阳能畜禽舍顶为一面后坡，后坡仰角β=10°～12°，后坡投影长度2.5米。

27. 猪（禽）舍与日光温室之间为什么要增建内山墙，怎样砌筑内山墙？

模式内是动物、植物共同生长的场所，但是猪（禽）和蔬菜在生长发育各阶段对温度、光照、湿度的要求各不一样，因此，必须在模式中设一内山墙将两类不同生物隔离管理以保证各自的生长环境和便于温度、湿度及有害气体的调控。

在日光温室与猪舍的边际砌筑12厘米宽的内山墙与日光温室相隔，顶部高度要与日光温室拱形竹片支架相一致，内山墙地基用砖或石材砌筑宽24厘米，高70厘米，长度从北墙到南棚脚。在内山墙靠近北面留门，作为到日光温室作业的通道门。内山墙中部还要留两个通气孔，孔口为24厘米×24厘米；高孔距离地面1.6米，低孔距离地面70厘米，上孔为氧气的交换孔，下孔口为二氧化碳的交换孔，因为这两种气体密度不同，二氧化碳密度大于氧气，这两个孔使猪舍的二氧化碳和日光温室的氧气进行交换，内山墙的顶部要用水泥砂浆抹成平面。

28. 猪舍地面需要增设哪些配套设施？

在猪舍地面施工前要砌筑好输气管路通道，通道宽12厘米、高12厘米，以5%的坡度通向猪舍外。猪舍地面用水泥抹成，要高出自然地面20厘米。在地面上距离南棚脚1.5～2米，距外山墙1米建一个长40厘米、宽30厘米、深10厘米的溢水槽兼集粪槽。猪舍地面要抹成5%的坡度，坡向溢水槽，溢水槽南端留有溢水通道直通棚外，建溢水槽的目的主要是防止雨水灌满沼气池气箱使池体不能正常运行。在猪舍地面沼气池的进料口顶部要高出猪舍地面 2 厘米，顶口用钢筋做成篦子，钢筋之间的距离以能进入发酵原料为准。

29. 猪舍管理有哪些要点？

（1）猪舍使用期间，舍内安装温度计和湿度计。

（2）注意保温，猪舍四周和上盖要封严不透风，冬季夜间塑膜上要加盖纸被和草帘。

（3）当舍内温度偏高时，可通过排气口通风换气。通风一般在中午前后进行，通风时间以 10～20 分钟为宜，阴天和有风天通风时间短，晴天稍长。

（4）当旬平均气温低于 5℃时，塑膜应全天封闭，旬平均气温为 5～15℃时，中午前后加强通风，旬平均气温达到 15℃以上时，应揭膜通风。

（5）气温回升时，应逐渐扩大揭棚面积，不可一次完全揭掉塑膜，以防发生感冒。

（6）猪舍有害气体成分应控制在允许范围内，二氧化碳含量应低于 0.15%，氨含量控制在2 600千克/米^3 以内。

（7）提高饲养密度，每个猪舍不少于 6～10 头猪。

（8）及时将猪舍内粪便和残食、剩水清出沼气池，保持猪舍温暖、干净、干燥。猪舍勤消毒，加强疾病防治。

（9）选用优良品种，进行科学饲养管理。

30. 北方农村能源生态模式日光温室设计有哪些要点？

（1）北方模式日光温室采用竹木或金属材料等做骨架，用聚氯乙烯无滴膜、聚乙烯多功能复合膜或乙烯—醋酸乙烯多功能复合膜覆盖。

（2）日光温室按合理采光时段理论与异质复合多功能墙体结构原理及防摔打合理轴线公式进行设计，使之成为节能型日光温室。

（3）节能型日光温室冬至前后的合理采光时段应保持在 4 小时以上，即 10～14 时有较好的光照。依据塑膜对太阳直射光的透过特性，太阳光线入射角应控制在 40°～45°范围内。

（4）决定日光温室温光性能的关键参数为设计屋面采光角。

（5）日光温室跨度，北纬 37° 8 米，38°～40°地区不宜超过 7.5 米，41°～43° 7 米，44°地区不宜超过 6.5 米。

（6）日光温室后坡仰角 β 取值范围为 35°～45°，不宜小于 30°。高纬度地区取低值。后坡水平投影，北纬 40°及以北地区取 1.4～1.5 米；37°～39°地区取 1.2～1.3 米；36°以南地区取 1.2 米。

（7）后墙高度 $h \geqslant 1.8$ 米，不宜小于 1.6 米。

（8）日光温室长度，对家庭式北方模式不应小于 20 米，田园式北方模式以 60 米为宜；冬、春季节风弱地区可适当加长，以不超过 90 米为宜。

（9）北方模式群，前后临栋日光温室之间的净距离（前栋日光温室后墙外侧至后栋日光温室南脚），以冬至日 10 时前栋日光温室对后栋日光温室不遮光为距。

（10）日光温室后墙、山墙可因地制宜选取下列材料砌筑。

①砖砌空心墙体：内墙为 24 厘米砖砌墙（如为石头砌墙更好），外墙为 12 厘米实心或空心砖砌墙，中间为隔热层，墙体按 60 厘米间隔加拉结筋。

②石、土复合墙体：砌筑 50 厘米厚的毛石墙，墙外培土防寒，使墙体的复合厚度比当地冻土层厚 30～50 厘米，或在墙外垛草，构成石、土异质复合多功能墙体。

③石、土复合墙体：砌筑 50～60 厘米厚的土墙，墙外培土防寒，使墙体的复合厚度比当地冻土层大 30～50 厘米，或在墙外垛草，构成土、土异质复合多功能墙体。

④严寒与寒冷地区日光温室四周应设防寒沟，至少在南底脚通常设防寒沟，以减少地中横向传热损失。一种做法是在南地脚外侧或内侧用 5～6 厘米聚苯板埋入地面下 80～100 厘米；另一种做法是在南地脚外侧挖宽 40 厘米、深 50～60 厘米的槽，内填用塑膜包覆的稻、麦草、稻壳或马粪等物，上部覆土压实。覆土应向前有坡度以避免渗水。

⑤严寒地区日光温室应设置必要的辅助热源，以防寒潮侵袭。

31. “四位一体”日光温室如何选择？

“四位一体”日光温室和普通日光温室相同，采用竹木或金属做骨架，土或砖做围墙，采光面采用塑料薄膜。目前，大部分采用第二代节能型日光温室。

（1）温室的长度。一般温室长为 20～40 米，最长不宜超过 60 米，最短不能少于 20 米。

（2）温室跨度。温室总跨度 6～7.5 米，为加强保温，后坡宽度应适当加大，后坡水平投影与总跨度之比值为 0.15～0.25。

（3）温室高度。后墙高度一般为 1.8～2.2 米，不能低于 1.6 米、中柱矢高为 2.4～3 米。

（4）墙体厚度。温室后墙及侧墙厚度 50～60 厘米，可采用空心墙，内壁 24 厘米，外壁 12 厘米或 24 厘米。采用干打垒土墙，厚度应大于 80 厘米。

（5）后坡仰角。适宜角为 35°～40°，一般不小于 30°。

（6）采光面坡面角。坡面为拱形圆弧面。

（7）设置防寒沟。在前坡拱角 20 厘米处，挖深 50～60 厘米，宽 40 厘米防寒沟，内填稻草等，上面覆土 10～15 厘米。

（8）保温材料。草苫，其规格一般宽 1.5 米，长 7 米；纸被，是用 4～6 层牛皮纸缝制，其宽度为 1.5～2 米。在冬季采用一层纸被，上压草苫配套使用，可以达到 6～6.8℃的保温效果。

（9）采光面覆盖材料应优先采用透光性能好、强度高、抗老化无滴塑料薄膜。

32. 在辽宁建模式偏角多大合适，怎样确定模式的偏角？

模式建造的延长方位必须是东西延长，偏东、偏西 5°为好：一般在辽南偏东 5°为好；辽西偏西 5°为好，无论是辽南、辽西模式方位偏东、偏西不得超过 15°。

确定温室延长方向在有仪器的情况下，可随时确定。简单的办法是在现场立一直杆，用 11：40 太阳光投影的水平垂线，视为温室偏东 5°的延长线；若 12：20 太阳光投影的水平垂线视为偏西 5°的延长线。

33. “四位一体”日光温室如何建造？

在确定模式朝向、定位、平地放线的基础上，建设日光温室。具体操作可按下列顺序进行。

（1）砌筑墙体。日光温室墙体（包括畜禽舍墙体）主要有山墙和后墙。这两种墙体可以因地制宜就地选取下列材料砌筑。

①保温复合墙体。保温复合墙是在普通砖墙中间填放保温能力强的材料如聚苯板、珍珠岩、干燥处理的稻壳等保温材料，达到既保温又蓄热的目的。为了充分利用墙体贮热、厚度大的承重墙要放在温室内一侧。保温复合墙的承重墙和保护墙之间必须用钢筋或砖拉结，使承重墙、保温层、保护墙成为一个

整体。

②土墙。用土筑墙，可分为草泥垛墙和干打垒墙两种，用草泥垛墙时，先把泥土和草泥混合均匀，再泼浇上水湿润，含水量要适当，逐层垛泥并踏实，每层垛 20～30 厘米，每天垛一层，防止坍塌。

干打垒筑墙：用潮土，土过干时要先泼适量的水，打墙时每次填土 20 厘米厚并夯实，其土墙接口要呈斜茬，防止出现缝隙。

以上两种土墙厚度 0.6～1 米，墙外培土防寒使墙体的复合厚度比当地冻土层厚 30 厘米。

③石、土复合墙。先砌筑 50 厘米厚的毛石墙，作为承重贮热墙，墙体培土防寒，使墙体的复合厚度比当地冻土层厚 30～50 厘米。或在墙外垛草，构成石、土（草）异质复合多功能墙体。

（2）立后屋架。竹木结构的日光温室后屋骨架有两种，一种是由中柱、柁和檩组成，3 米立一根中柱，中柱底脚埋入 50 厘米的土中，为了防止下沉，要在基部夯实并垫柱脚石。中柱要向北倾斜 5°～7°，柁头架在中柱上，柁尾担在后墙上。柁头超出中柱 40 厘米。为防止压坏主墙，要在柁层下横放木板或事先用立柱支撑，在一栋温室中的东西山墙和中部，先架设三架柁，由东西柁头顶钉上钉子担一条线，再立其余的柁，使柁头顶部都与线一致，最后将柱脚捣实。柁上铺三道檩与脊檩搭成一直线，以便安装前后屋面骨架，中檩和后檩错开铺放。

另一种是由中柱、脊檩和椽子构成的屋架。中柱支撑脊檩，中柱距离应根据脊檩粗细决定，或 3 米设一中柱，或 2 米设一中柱。在脊檩和后墙之间摆放椽子，椽头要超出脊檩 40 厘米左右，椽子间距 30～40 厘米，脊檩搭接方法与前一种相同。椽头上部用木杆做撩檐上。

（3）安装半拱式前屋面骨架。竹木结构的半拱式温室前屋面分为无柱和有柱两种建造方法：

无支柱半拱式温室具体方法是：每隔3米设置一加强架，加强架是用小头直径为12厘米粗的原木上端与柁头连接固定；下端与埋到温室靠前部并向北倾斜5°～8°，与高为50～60厘米的木桩相连接，在加强架上均匀放置3道横梁，横梁上设小立柱支撑拱杆，小立柱的长度需按前屋面的弧形来确定位置和高度，拱架间距为60～80厘米。

有柱的半拱式温室，一般3米开间，每间设两排支柱，架起两道横梁，在横梁上按75厘米间距设一道拱杆，拱杆由设在横梁上的小吊柱支撑。

（4）盖后屋面。首先在檩上或椽上用高粱秸、玉米秸、芦苇勒箔，柁檩结构可用整捆高粱秸或玉米秸顺着山墙和柁的方向摆紧，上端超出脊檩，下端担在后墙上用高粱秸或细竹竿做带勒在檩上。勒完箔，抹两遍草泥，上面再盖上10～20厘米厚的碎草、谷壳等。最后在上面铺上玉米秸或稻草防寒。

（5）前屋面塑料薄膜。覆膜前根据温室的长短、跨度及薄膜的幅度进行剪裁或烙合。覆膜时，先把膜卷起，放在屋脊上，把薄膜的上边卷入竹竿，放在后屋面上，用泥压紧，再将膜展开，上下、左右拉紧，使膜最大限度地平展，东西山墙外卷入木条钉在山墙上。在每2个拱杆间设1条压膜线，上端固定在后屋面上，下部固定在地锚上。

（6）设置防寒沟。在北方模式的前沿挖深40～60厘米、宽40厘米的沟，沟内底层铺旧废膜，上填满碎草、乱稻草、树叶等，上面覆一层土，高出地面5厘米。

（7）保温材料。北方模式冬季进行反季节栽培的日光温室夜间需要加强保温。一般应用的覆盖保温材料有以下几种：

草帘：生产上使用较多的是用稻草打制的草帘，其规格一般宽1.5米、长7米，草帘的保温效果一层大约可保温5～6℃。

纸被：在北纬39°以北地区，在草帘下可加盖纸被，纸被是用4～6层牛皮纸缝制成的一种保温覆盖材料。其宽度为1.5～2

米，在冬季采用一层纸被，上压草帘配套使用，可以达到 6～6.8℃的保温效果。

34. 日光温室管理有哪些措施？

（1）透明的前屋面夜间保温至关重要。在冬季气候较暖地区，一般以草帘覆盖；在寒冷地区以纸被（4～6 层牛皮纸）和草帘双层覆盖；严寒地区多以棉被和轻质保温被覆盖。

（2）每天适时揭帘和盖帘。采光面覆盖物揭盖时间，随季节和天气变化。在保证棚温条件下，尽可能让作物多见光。

（3）塑膜保持清洁，损坏处要及时修补。

（4）日光温室可利用地膜、小拱棚或保温幕等进行多层覆盖保温。

（5）提高土壤接受热量能力，土质应疏松，耕层要深厚，多施有机肥。土壤含水要适中，实行高畦或垄作。

（6）放风口可设在日光温室顶部靠近后坡的塑膜上，圆形，直径 30 厘米。用塑膜粘成与放风口直径相同的圆筒，长 40～50 厘米，一端粘在放风口上，降温排湿时把袋子支起来，保温时放下支架，把另一端扎起来。

（7）春、夏季大放风时，可在日光温室前部距地面 40 厘米处将塑膜扒缝放风。

（8）日光温室降温可采用放风、滴灌、地膜覆盖以及地膜下软管灌溉技术。

（9）日光温室温度应达到 12～30℃，夜间最低温度不低于5℃。湿度 60%～70%。

（10）根据日光温室设备条件选择栽培作物种类。平均极温不低于－25℃的热资源较丰富地区，秋冬及冬春茬可生产果菜和叶菜类作物或反季水果。平均极温在－30～－35℃的寒冷地区，应加强防寒措施，冬季可生产叶菜类作物，早春生产果菜类作物。

（11）日光温室内生产的蔬菜和水果宜选用高产、抗逆性强、适宜保护地栽培的品种。

（12）日光温室育苗应适期播种、适期定植。

（13）加强肥水管理，在作物生育期可随水追施沼肥：①稀沼液加水 3～4 倍；②中等浓度沼液加水 5～6 倍；③稠沼液加水 10～15 倍。

（14）及时防治病虫害。

其他有关栽培技术按作物要求进行。

35. 沼气发酵原理和条件是什么？

沼气发酵是指利用人、畜粪便和秸秆、污水等各种有机物在厌氧条件下，经发酵微生物分解转化，最终产生沼气的过程。

发酵微生物细分五大类：发酵性细菌、产氢产乙酸菌、耗氢产乙酸菌、食氢产甲烷菌、食乙酸产甲烷菌等。粗分两大类：产酸菌和产甲烷菌。

发酵过程分三个阶段：

一是液化阶段。在沼气发酵中，首先发酵细菌群利用它分泌的胞外酶，对有机物进行体外酶解，分解成能溶于水的单糖、氨基酸、甘油和脂肪酸等小分子化合物。

二是产酸阶段。由三种菌群发酵性细菌、产氢产乙酸菌、耗氢产乙酸菌合称产酸菌共同作用，产生乙酸、氢和二氧化碳。

三是产甲烷阶段。在此阶段，食氢产甲烷菌和食乙酸产甲烷菌合称产甲烷菌，利用产酸菌所分解转化的乙酸、甲酸、氢和二氧化碳小分子化合物等生成甲烷。

五类细菌的共性是：①生长缓慢；②严格厌氧；③只需要简单的有机物作为营养；④适合中性偏碱环境；⑤代谢最终产物为甲烷和二氧化碳。

沼气发酵条件：

(1) 严格的厌氧条件。沼气发酵中起主要作用的是产酸菌和产甲烷菌，两大菌群为厌氧菌，在空气中暴露几秒就会死亡。因此，严格的厌氧环境是沼气发酵最主要的条件之一。

(2) 发酵原料。20 世纪 70、80 年代，用秸秆不易腐、有蜡质层、易结壳，现通常用人畜粪，要求 C/N 比在 25～30：1 之间。

(3) 厌氧活性污泥（沼气细菌）。普遍存在于粪坑底污泥，下水道污泥、沼气发酵渣水、沼泽污泥，是有生命的东西，加入量占总发酵料液的 10%～15%。

(4) 温度。沼气发酵，一般采用常温发酵，温度范围在 8～65℃之间，最适宜温度为 35℃左右。温度是生产沼气的重要条件，温度越高，产沼气就越多，温度越底，产沼气就少或不产气。

(5) 酸碱度。沼气发酵细菌最适宜的 pH 即酸碱度为 6.8～7.5 之间，发酵微生物生长旺盛。沼气火蓝火苗为正常，如发现红黄火苗即偏酸。

影响 pH 的因素：①原料本身就偏酸或偏碱，如酒厂废料，pH 在 5.5 以下，就是料液酸化的标志，pH 在 3.5～5 之间，为严重偏酸；②投料浓度过高，产酸之后 pH 下降；③原料当中混有大量的毒性物质。

调节方法：如果出现红黄火苗，加草木灰进行调节。①从出料口抽出 7～8 桶沼液，加一桶草木灰，从厕所进料口冲进沼气池内；②石灰水澄清液加沼液水逐渐调节，方法同上。

如果不出现红黄火苗，不产气，方法是除去一部分料液，使浓度达到 6%～10%，剧毒物质要除去。

(6) 浓度。农村沼气池一般采用 6%～10%的发酵料液浓度较适宜。冬、春两季温度低，浓度在 10%；夏、秋温度高，浓度要求在 6%。

（7）负荷。单位体积消化器，每天所承受的有机物的量。每立方米沼气池，每天处理粪便的量，为沼气池的负荷。10 米^3 的沼气池，一天只能处理大猪 1 头，小猪 2～3 头，要求每天料液随进随出。

影响负荷的因素：①消化器的容积，负荷与容积成正比；②原料的性质，秸秆原料发酵时间长，滞留期长；③活性污泥的含量；④发酵原料的浓度，负荷与浓度成正比；⑤消化器的类型（与温度有关）。

（8）搅拌。搅拌优点：①打破发酵池内有机物结壳；②发酵温度均匀；③原料与活性污泥（菌种）充分接触。

搅拌方法：①料液回流搅拌。晴天下午 1～2 时，从出料口掏出 0.5～1 吨沼液，再从厕所进料口冲进池内；②机械搅拌。从出料口用粪勺搅拌，来回拉动，使料液波动。

（9）毒性物质。毒性物质有重金属化合物无机盐和有机盐，各种剧毒农药、电石、电液废水、能做土农药的各种植物、洗涤剂、酸菜水、工业废水等。在一定量条件下，具有促进作用，超量起到抑制作用。

36. 沼气发酵启动的操作技术有哪些？

新建成的或已大出料的沼气池，从进料开始到能够正常而稳定地产气过程，称为沼气发酵的启动。

为了使新建成的沼气池产气快、产气好，初次装料时应达到以下要求：

（1）选用优质发酵原料。在投料前，需要选择有机营养适合的牛粪、猪粪、羊粪和马粪做启动的发酵原料。不要单独用鸡粪、大粪和甘薯渣启动，易酸化，使发酵不能正常进行。

（2）原料预处理。当原料为风干粪、鲜大粪、羊粪、鲜禽粪时，在入池前必须预处理。在堆沤过程中，使发酵细菌大量生长繁殖，减缓酸化作用，还能防止料液入池后，干粪漂浮于上层而结壳或产酸过多，使发酵受阻。

(3) 加入丰富的接种物。在新池装料前要收集老沼气池里的沼渣、沼液、粪坑的底脚黑色沉渣、塘泥、城镇污水沟泥等，都含有丰富的沼气细菌，是良好的接种物。把接种物和发酵原料均匀混合，要达到发酵原料的 10%～30%，一同加入池内。

(4) 掌握好发酵料液浓度及加水量。北方模式第一次投料量应为池子容积的 80%，最大投料量为池子容积的 85%，投料浓度为 6%～10%。最小投料量应超过进出料口管下口上沿 15 厘米，以封闭发酵间。

(5) 调节好发酵原料的酸碱度。池中发酵液的酸碱度，即 pH 以 6.8～7.5 为佳，过酸（pH<5.0）或过碱（pH>8.0）都不利于原料发酵和沼气的产生。

沼气发酵启动过程中，一旦发生酸化现象，往往表现为长期不能点燃或产气量下降，发酵液颜色变黄，火焰为红黄火苗。当 pH<6.5 时，需取出部分发酵液，重新加入大量接种物，也可加入适量草木灰或石灰水澄清液调节，使 pH 调节到 6.8 以上，以达到正常产气的目的。

(6) 启动与试火。选择晴天，将预处理的原料和准备好的接种物混合在一起，立即投入池内。并按以上要求加水，封好活动盖。当沼气压力表上的水柱达到 30～40 厘米时，应放气试火，如果能点燃，说明沼气发酵已正常启动。

37. 构成沼气的成分是什么，它们的特性是什么？

沼气是一种清洁的可再生的生物能源，在沼气的成分中甲烷占 60%左右；二氧化碳占 35%左右；还有少量的一氧化碳、氮气、硫化氢、氨气等占5%左右。

甲烷是无色、无毒、无臭的气体。二氧化碳无臭，略带酸味。硫化氢无色，有腐蛋臭味，燃烧时火焰呈蓝色，溶于水。沼气池内几乎没有氧气，加之二氧化碳含量高达30%左右，很自然地会使人窒息中毒。因此，注意安全非常重要。

38. 沼气主要的发酵原料有哪些，秸秆为什么不能作模式中沼气的发酵原料？

农村中可以用来作沼气发酵的原料很多，最常用的是人畜粪便，如人与猪、牛、马、羊、鸡、鸭粪和尿等，各种作物秸秆（稻草、麦草、玉米等）、青杂草、烂菜叶、水葫芦等，废渣、废水（酒糟、制豆腐的废渣水和屠宰场废水）等都是很好的沼气发酵原料。但模式中的沼气池不能用各种作物秸秆作发酵原料，因为秸秆在沼气池中的滞留期长达90天以上，影响对蔬菜的施肥，而且出料困难，故不能采用作物秸秆作发酵原料。

39. 沼气池具备什么条件可以投料使用，如何进行投料？

沼气池建成以后，经过检验，不漏水、不漏气，输气系统装配齐全，并检验合格就可以投入使用。不同季节投料量不同，夏、秋季池温高，发酵料液浓度可掌握在4%～6%，即每立方米料液加人粪90千克，鲜猪粪150千克，鲜马粪70千克，加水690千克（其中接种物占20%）。冬、春季温度低，应适当多加发酵原料，料液浓度以6%～8%为宜，即每立方米料液加鲜猪粪300千克，鲜马粪120千克，加水580千克（其中接种物占20%）。

初次投料应占池子容积的70%，最大投料量为池子容积的

85%。其最小投料量必须超过出、进料管下口沿上返15厘米以上，以封闭发酵间。投料时间最好选在晴天进行，以利发酵。北方应注意1～3月份地温最低，不宜投料不易发酵。

40. 沼气池为什么要适时换料？

农村常温发酵的沼气池，产气高峰约30～50天时间，过后产气量明显下降，因此必须进行换料。当沼气池产气高峰已过，产气量开始下降或沼气池内料液容积超过90%时，即要进行小进小出料，出多少进多少，以保持气箱容积为标准。每年或二年结合模式换茬生产进行一次大出料，所谓大出料就是从沼气池中取出占总量2/3～3/4的旧料。

41. 沼气池在大出料时应注意什么问题？

为了使下一次沼气发酵顺利进行，大出料时应该做到以下几点：

（1）大出料前20天左右停止进料。

（2）备足新的发酵原料。

（3）出料主要是清除难以消化的残渣和沉积的泥沙等杂物。

（4）保留10%～30%含有大量沼气细菌的活性污泥和料液作为菌种。

（5）大出料不宜在低温季节进行，特别是冬季不宜大出料，因为低温下料沼气池很难再启动。

（6）大出料以后迅速检修沼气池，因为沼气池使用一段时间后，气箱容易发生溶蚀性渗漏。大出料后，还应对沼气池进行密封养护，以提高气箱密闭性能，常用的密闭材料及方法有：将气箱内壁清洗干净，用毛刷排刷素水泥浆2～3遍。

（7）大出料后应立即装料装水。因为沼气池都是建在地下，沼气池在装满料时，地下水对池壁的浮力与沼气池的重力及覆土压力等相平衡，大出料后这些力失去平衡，较易被地下水引起的浮力损坏沼气池底和池壁。因此，在雨季出料或地下水位高的沼气池出料后应立即装料装水。

42. 什么是沼气发酵原料的碳氮比，碳氮比控制在什么范围？

所谓原料的碳氮比是指原料中碳素总量和氮素总量的比例。沼气发酵原料是产生沼气的物质基础。甲烷菌从发酵原料中吸取营养物质（碳素、氮素和无机盐类）。碳素是构成甲烷菌细胞的成分，也提供能源，产生甲烷。氮素是构成细胞的主要成分，氮素的多少同菌体细胞的增长和数量是成正比的。无机盐类可构成细胞的成分，又可调节微生物细胞的生理活动。因此，发酵开始启动时碳氮比值低些，有利于菌体的生长。而正常运转阶段，由于不断释放出甲烷等含化合物的气体，而氮素却较多地保留在发酵液中。因此，又需要不断补偿碳素的损耗。实践证明：投入的混合原料碳氮比值一般控制在20～30∶1。这样不仅有利于持久稳定的产气，同时有机氮分解时释放出来的氨与水生成氧化铵能中和有机酸，起到对酸碱度的调节作用，还可以防止“跑”氮，有利于沼渣水肥效的保存。

43. 适当搅拌沼气池中的发酵料液有什么作用？

搅拌有利于打破浮渣层结壳和搅动沉渣，使沼气池中的微生物与发酵原料更好地接触，可提高产气量10％以上。搅拌的方法可用长把粪瓢从进料管伸入沼气池内来回搅动；也可从出料间舀出一部分粪液，倒入进料口，以冲动发酵料液；搅拌3～5天进行一次，每次搅拌3～5分钟。

44. 什么是沼气的促进剂，常使用的促进剂有哪些？

所谓促进剂，是指在沼气发酵中用量很少，能促进有机物分解并提高产气量的那些物质。促进剂在沼气发酵中有三方面作用：①改善发酵微生物的营养状况，满足其营养需要；②为发酵微生物提供促进生长繁殖的微量元素；③改善和稳定甲烷菌的生活环境，加速新陈代谢。

主要的促进剂有：

（1）热性发酵原料。如豆腐坊、酒坊、粉坊、屠宰场下脚料、废水及牛尿等直接加入沼气池内，可提高池温，增加产气量。

（2）碳酸氢铵。用量为料液的0.1%～0.3%，即1米^{3}料液加1～3千克。溶解于水后倒入沼气池并搅动。可提高产气量30%左右。

（3）活性污泥。在新建沼气池或大换料后的沼气池原料中拌入20%～30%的活性污泥，能加快产气速度，增加产气量和纯度。

（4）旧电池中含有碳、锰、锌等元素和氨。一个8米^{3}沼气池，用17节旧电池，剖开砸碎后，拌入发酵原料中，投入沼气池后3天即可增加产气量。另外还有泥炭、泥素和稀土元素等。

45. 沼气发酵残余物有哪些主要成分？

沼气发酵残余物就是投入沼气池内的原料（如人、畜粪便和各种农作物秸秆等）经密封发酵后的残余物，统称为沼气水肥（沼液）和渣肥（沼渣），是一种速效性肥料。沼渣中含有较全面的养分和丰富的有机质，其中还有一部分已被改造成腐殖酸类物质，是一种具有改良土壤功效的优质肥料。如沼液，富含水溶性的多种养分，是一种腐熟的速效肥。沼渣，一般含有机质30%～50%，含氮素 0.8%～1.5%，含磷素 0.4%～0.6%，含钾素 0.6%～1.2%。除此外，近几年还发现其中含有一些生长激素、维生素等对动、植物生长有利的成分和某些抑制细菌的物质，它的多种功能正逐渐揭示。

（1）沼液不仅含有丰富的氮、磷、钾等大量营养元素和锌等微量营养元素，而且这些营养元素基本上是以速效养分形式存在的。因此，沼水的速效营养能力强，养分可利用率高，是多元的速效复合肥料，能迅速被作物吸收利用。

（2）沼渣仅占有沼气残余物总量的 11.7%，营养元素种类与沼水基本相同，但其含量却远远超过了沼水，具有效养分含量高（碱解氮占全氮的 29%，有效钾占全钾的 52%，因而沼渣具有营养元素种类齐全、肥料速缓效果兼有等特点，加之腐殖酸与胡敏酸含量之比小于 10.5），是高品位的优质有机肥料，由于沼气发酵是在密封条件下进行厌氧分解，减少铵态氮的损失。据测定，经过发酵 30 天的沼气肥，同未经过发酵的比较，全氮高 14%，铵态氮高 19.3%，有效磷增加 31.8%。因此，沼气肥具有营养成分齐全，肥效稳定，缓、速兼备，成本低，它不仅供给作物营养元素，把土壤中难以吸收的营养元素变成可利用状态。同时，沼液中富有 17 种氨基酸，也是猪喂饲的添加材料。

（3）长期的厌氧、绝（少）氧环境，使大量的病菌、虫卵、杂草种子窒息而亡，同时，由于缺氧、沉淀和大量铵离子的产生，使沼液不会带活病菌和虫卵，沼液本身含有吲哚乙酸、赤霉素和较高容量的氨和铵盐，这些物质可以杀死或抑制种谷表面的病菌和虫卵。因此，沼液、沼渣又是病菌极少的卫生肥料，生产中常用来浸种、叶面施肥，达到防病灭虫的效果。据实验，它对小麦、豆类和蔬菜的蚜虫防治具有明显效果。另外，沼液对小麦根腐病菌、水稻小球菌核病菌、水稻纹枯病菌、棉花炭疽病菌等都有强抑制作用；对玉米大斑病菌、小斑病菌有较强的抑制作用。

46. 沼肥是一种什么样的肥料，怎样利用沼肥？

所谓沼肥，就是投入沼气池内的原料，经密封发酵后的残留物——沼渣、沼水统称沼肥。

沼肥是含氮、磷、钾齐全的有机肥，它还含有腐殖酸、生长激素、维生素等物质，以及对动、植物生长有利的成分。它比一般有机肥养分含量高、肥效好，它的养分形态既有速效型，又有迟效型。连续施用沼肥对改善土壤结构、提高地力有显著效果。

一般沼渣宜作基肥，沼液宜作追肥，也可两者混合作基肥或追肥，一般每667米^{2}用量2 500千克左右。沼肥应随出随用，如需贮存应加盖密闭，防止氮素挥发损失，或者将沼肥加入堆肥中，外部培一层土，防止氮素挥发。

在蔬菜生产使用中应注意调解沼肥的浓度，如浓度过高，铵离子过多，易产生烧苗肥害，从辽宁省在模式内施于蔬菜实际利用情况，用水稀释以下倍数就产生不了烧苗的肥害：①稀沼液对水3～4倍；②中等沼液对水5～6倍；③稠沼液对水10～15倍。

47. 怎样沤制沼腐磷肥？

沼渣中含有10%～20%的腐殖酸，利用氨水或碳酸氢铵溶液与腐殖酸分子结构中的酸性基团生成腐殖酸类物质，可以增加腐殖酸质的活性，提高肥效。

沤制沼气腐殖酸类肥料的方法是，把沼气池中取出的沼渣与有机垃圾或泥土一起堆沤，一层垃圾（或泥土）加一层20～30

厘米厚的沼渣，堆成一个大圆台形的肥料堆，然后在表面盖些泥土并拍实，堆沤 15～20 天即成沼气腐肥。若堆沤时每立方米沼渣中加钙、镁、磷肥或磷矿粉 20～25 千克，则成沼腐磷肥。该肥适于作基肥，每 667 米^2 施用量 1 000 千克。

据北京市农业科学院试验，沼腐磷肥对小麦、玉米、茄子、青椒等增产效果显著，玉米可增产 13.8%，青椒增产 15%。

48. 如何利用沼肥育花卉？

盆栽花木，一般在清明前老盆换土时，盆土以泥土与干沼渣按 9∶1 的比例拌和，种植 20 天后开始施浇沼液肥，施量为每千克沼水加水 1～1.5 千克。

大田栽培可提前 10～15 天撒一遍沼肥，然后翻作基肥。也可采用穴埋法施基肥，按株距挖穴，每穴放入 1～2 千克沼肥，再覆土 60～100 毫米，将花卉种植其上。追肥可视其需要适时施用。各种花卉的生长能力和吸收能力不完全一样，施用沼肥的浓度比例注意各异。生长能力强的花卉施用沼肥浓度一般为 3 份沼肥加 7 份水；生长能力较弱的花卉，施肥浓度为 1～2 份沼肥加 8～9 份水。沼肥现取现用。在花卉现蕾时，7 天内不需浇肥，以免造成枝叶徒长，花朵过早凋谢。

49. 如何利用沼液生产细绿萍？

利用沼肥养殖细绿萍是极好的办法，细绿萍养殖可用自然水面和人造水面。

自然水面一般可选择水面较浅，肥水充足的地方，一般放养萍种为 0.5 千克/米^2，并用木杆隔成一定区域，逐渐扩大，每平方米加入沼液 1～2 桶补充肥水不足，每 10～15 天再施入一次沼液，同时配合施用磷肥等，切忌施用氮肥，否则烧苗易死。细绿萍生长周期分为幼苗期和成萍期，栽培季节为5月下旬至9月上旬，水温达15℃以上，夏季阳光充足时需要遮阴，水温过高可加冷水降温。冬季需在10℃以上的地方过冬，同时要防治蚜虫和真菌病害。

人造小水面就是在庭院根据养殖数量，确定面积，下挖或上砌20厘米高的方形水池，底铺好塑料以防漏水，加入沼液及水，放入萍种，其管理技术与上相同，家庭放养还可以起到绿化的作用。

50. 如何利用沼肥沤制沼腐秸秆肥？

利用沼肥沤制沼腐秸秆肥在农作物生产中应用。在辽北地区推广了利用沼肥沤制秸秆肥施用于农作物的技术沼腐秸秆肥较普通秸秆肥具有明显的肥效，施于玉米每667米^{2}增产34%～62%，而且玉米生长发育良好，产量显著提高。分析其原因，由于使用沼腐秸秆肥，无机营养成分和有机质含量明显高于其他肥料，从而形成团粒结构，改善土壤理化性质，改善土壤生态环境，促进作物生长发育，使产量明显增加，生态效果明显增强。一般在每年春季，将秸秆铡成2～3厘米的小段，然后用沼液浇拌或将沼渣拌入秸秆，可加入一些适量的磷肥，再进行堆沤，经半月后温度可达60～70℃，再进行上下翻动，经30天即可使用。

51. 怎样利用沼肥种西瓜？

西瓜是一种需肥量大，需营养元素齐全的经济作物。沼液有效养分含量高，缓、速兼备，施到土壤中去，能很快被土壤胶体所吸附，不断释放，为西瓜根系吸收利用，使其花期提前，瓜多，瓜大，产量高，甜度达11.15%。具体施肥方法是：

（1）开沟施足基肥。沼肥作基肥，不宜过早施入土壤，以防止铵离子在转化过程中，由于反硝化作用而造成氮素损失，降低肥效。一般在瓜秧栽插前一周施入土壤为宜。每 667 米^2 可施沼渣 2 500 千克。

（2）在西瓜花蕾期每 667 米^2 追施沼液 3 000 千克。

西瓜的田间管理同常规。

52. 怎样利用沼液浸稻种？

把稻种用塑料编织袋盛装，每袋 20～30 千克，扎紧袋口，放入正常产气使用的沼气池水压间内，连续浸泡 4 天取出，清洗净沼液，以防烂芽，然后按常规催芽、播种、育秧。

沼液浸种育秧有五大优点：一是发芽率高，芽壮而整齐；二是播种后，易扎根，现青快，生长旺；三是比药剂浸种安全，简便易行，省钱，效益高；四是秧苗抗寒力强，基本无瘦弱苗，成苗率高；五是苗壮根粗，白根、新根多，病虫少，栽插后返青快。

沼液浸种之所以效益显著，有三方面原因：

（1）营养丰富。腐熟的沼气发酵液，含有动、植物所需的多种水溶性氨基酸和微量元素，如多种氨基酸和消化酶等各种活性物质。用于种子处理，具有催芽和刺激生长作用。同时，在浸种期间，钾离子、铵离子、磷酸根离子等都会因渗透作用，不同程度地被种子吸收，而这些养分在秧苗生长过程中，可增强酶的活性，加速养分运转和代谢过程，并提高作物的抗病能力。

（2）灭菌杀虫作用。由于沼液中缺氧和大量铵根离子的产生，使沼液不会带有活性病菌和虫卵，并可杀死或抑制种谷表面的病菌和虫卵。

（3）可提高作物的抗逆能力。

53. 怎样利用沼气制取二氧化碳使大棚蔬菜增产?

沼气中约含有 35.7%的二氧化碳，61.9%的甲烷，甲烷燃烧又可产生二氧化碳，也就是说 1 米^3 沼气可产生 0.975 米^3 的二氧化碳。在塑料大棚里，利用沼气制取二氧化碳供黄瓜、番茄等生长之用，可使黄瓜增产 28.4%，番茄增产 22%。

增产原因：一是沼气燃烧增加了棚温，缩短了作物生长期；二是沼气燃烧产生二氧化碳，促进了作物光合作用，增加了干物质的积累。

具体做法如下：

(1) 提高沼气池冬季产气量，保证加温用气。在 10 月中旬，多投发热性或易分解的原料入池，如猪粪、牛粪、马粪、豆腐坊下脚料等，提高产气率。

(2) 大棚内每 10 米^2 安装一盏沼气灯（用沼气红外炉更好）或每 50 米^2 放置一个沼气炉。沼气灯加温方法就是点燃。使用沼气灯特点是省气，可增加光照，用沼气炉加温的方法是在炉上煮开水，利用水蒸气加温，这种方法的特点是升温较高，二氧化碳提供量大。

(3) 早晨日出时在棚内燃烧沼气，在栽黄瓜、番茄的大棚内，二氧化碳浓度分别控制在1 100～1 300 微升/升。共施二氧化碳气肥 7 周左右，此间棚内温度控制在 28℃，不超过 30℃，若棚内温度超过 32℃，则关闭沼气开棚通风换气。棚内相对湿度控制在 50%～60%，晚上高些，但不超过 90%。

注意事项：

(1) 沼气点燃时间只限 2 小时，不宜过长，防止二氧化硫有害气体的积累。

(2) 释放二氧化碳气肥后，作物光合作用加强，气肥管理必须及时跟上，才能取得好的增产效果。若用沼肥作基肥和追肥，增产效果更显著，并能减少或抑制病虫害。

54. 沼气肥水用于果树叶面施肥有哪些好处?

通过沼气池厌氧发酵后的料液中，多种水溶性的营养成分相对富集，是一种速效的水肥。用于果树叶面施肥有下列好处：一是随需随取，使用方便。二是收效快，利用率高。24 小时内，叶片可吸收喷出量的 80%，能及时补充果树生长关键时期对养分的需求；叶片生长期喷施，可促进果实膨大，提高产量。三是对果树病虫害有一定的防治和减缓作用。如使用沼气水肥对果树蚜虫、红蜘蛛等进行防治，在 48 小时内可使害虫减退 50%以上。用沼气水肥加适量的农药，防治效果更佳，甚至超过常规化学农药的防治效果。四是节省开支。

55. 怎样用沼气水肥对果树进行叶面施肥?

(1) 将经过厌氧发酵 45 天以上的沼液从沼气池水压间取出，停放 2～3 天后即可喷施。

(2) 用肥次数及用量。叶面喷肥一般每隔 10 天一次。喷量可根据树冠大小、树体的营养状况而定。一般长势差多施，长势好少施；衰老树多施，幼龄树少施；着果多，多施；着果少，少施。

(3) 施用期。果树地上部分每一个生长期前后都可喷施。

(4) 水肥浓度。叶面喷肥采用纯沼水肥为好，但在气温高时应加入适量清水稀释后喷施。

(5) 和化肥混合使用。对大龄结果多的果树，因营养消耗多，可在沼气水肥中加入 0.05%～0.1%尿素，提高氮素浓度补充营养，能有效地增加来年的花芽量，对幼龄及长势过旺的树、当年挂果少的树，则应在喷肥中加入 0.2%～0.5%磷、钾肥，以促进下年花芽量的形成。

注意事项：

（1）不要在中午气温高时喷施。因气温高，蒸发快，效果差，同时也易灼烧叶片。

（2）喷肥时要侧重叶背面，因叶的表层角质厚，肥液不易被吸收，叶背易于吸收。

56. 如何利用沼液养猪？

沼液养猪是在基础日粮上利用沼液作为添加剂促进猪生长的一项技术措施。它的优点主要在于增加饲料报酬，缩短了饲养周期，降低了养猪成本，提高了经济效益，而且操作方便，简单易学，深受农村养猪专业户欢迎。具体做法是：

首先，家用沼气池在使用正常时，方可取其出料间中层沼液进行饲喂。喂食前取出足够量的沼液，放置或拌入饲料中一段时间即可喂猪。

由于猪的不同生长发育阶段，其体重、摄食量和采食习性等情况有所不同。因而，沼液添加量也要因时、因猪制宜，不能简单划一，一般分为三个阶段：

（1）仔猪阶段（体重在25千克以内）。仔猪断奶后应按常规进行防疫、驱虫、健胃和去势，同时在饲料中添加少量沼液，以锻炼仔猪对沼液的适口性，时间约需10天左右，然后开始添加沼液喂养，每日3～4次，每次沼液喂量0.3千克左右。

（2）架子猪阶段（体重25～50千克）。一般每日3～4次，每次沼液喂量为0.6千克左右。

（3）育肥猪阶段（50～100千克）。沼液喂量每次1千克左右，每日3次。在猪的体重在100～120千克时可按每次1.5千克沼液量，每日3次。

用沼液生拌饲料至半干半湿，如沼液量不够，可另加清水。

添加沼液喂猪一般应注意下列事项：

（1）病态池、不产气池或投入了有毒物质的沼气池中的沼液，禁止喂猪。

（2）新建已投料或大换料的沼气池必须正常产气使用1个月以后，方可取沼液喂猪。

（3）沼液的酸碱度以中性为宜，即pH在6.5～7.5之间。

（4）沼液由水压间取出后，一般放置半小时左右为宜，让氨气挥发，但不宜放置过长以防氧化。

（5）沼液仅是添加剂，不能取代基础日粮。当猪出现腹泻症状时，应及时停喂。

57. 如何利用沼液养鱼？

沼肥养鱼就是在科学的混养和日常管理基础上，利用沼肥中所含的各种养分，培养浮游生物，供底栖生物孳生摄食，同时沼肥中含有半消化或未消化的饲料，可直接供鱼食用，弥补人工饲料的养分不足，提高饲料效率，改善水质环境，充分开发利用鱼塘生态系统资源，使池塘养鱼达到稳产、高产。此外，沼肥还具有耗氧少，病菌少，速、缓效肥兼备的优点，可使浮游生物快速生长繁殖，加快鱼的生长速度，缩短养殖周期，减少鱼病，经济效益明显提高。据有关部门测定，施用沼肥鱼塘，含氧量比普通鱼塘高出13.8%，水解含氮量提高15.5%，铵盐含量提高52.9%，磷酸盐含量提高11.8%，浮游生物数量增长12.1%，重量增长41.3%。

沼肥既可作鱼塘基肥，又可作追肥。一般水质的鱼塘每667米^{2}可施800～1 000千克沼肥作基肥，沼液和沼渣要轮换交替使用，少施，勤施，水肥每次每667米^{2}不超过300千克，渣肥每667米^{2}以不超过150千克为宜。施肥量可通过检测水体透明度来决定，如透明度在20厘米以上，说明水质较肥，可不施或少施水肥；在30厘米左右时为适中，可按常规量进行施肥；在40厘米左右时，说明水质较瘦，可适当增大施肥量。沼肥一般10～15天施一次。7、8、9月份气温较高，鱼体生长快，需饵量大，浮游生物繁殖迅速，养分消耗多，此时追肥沼气水肥效果最佳。

沼肥养鱼提高了单产，降低了成本，据有关部门测定，成鱼每667米^{2}产量提高12.1%，优质鱼比例提高13.4个百分点，二者合计增加收入每667米^{2}300元，平均节约化肥0.53吨，共增收节支计430.20元。

58. 如何利用沼肥育桑？

要点：基肥，12月中、下旬，距树蔸20厘米处，挖20厘米×30厘米的槽，每株施6～8千克沼渣后覆土，再施5～6千克沼液。

催芽肥：3月中、下旬，晴天，松土3～5天后，每株施沼液4～5千克，全树吐青后，再施一次。

后劲肥：每季蚕成熟后，桑园松土除草，每株施沼液5～6千克。

59. 如何利用沼渣栽培蘑菇？

沼渣准备：播种前，将沼渣出池沥干，趁天晴摊薄暴晒，去除未腐熟好的长残渣。暴晒时间以手紧捏沼渣，指缝有水而不下滴为宜。处理后的沼渣，按其重量加入1%熟石膏粉、1%过磷酸钙及0.5%尿素备用。

蘑菇房及床架准备：蘑菇房一般可选用有对开门窗的空房。蘑菇床可用竹、木、铁搭成多层床架，第一层距地不低于25厘米，以上各层相距60厘米，以秸秆、树枝铺平。蘑菇房用20倍福尔马林溶液熏蒸或50倍液喷洒，也可用50倍石硫合剂全面喷洒墙壁、地面和蘑菇床，关闭蘑菇房1～2天。将沼渣平铺在蘑菇床上，保持自然疏松，厚度12～14厘米。

播种：选择纯洁菌种，按10厘米×10厘米的间距，用手指均匀打2厘米深的播种穴，将菌种掏出按每穴拇指大小一块放入，随手盖一层培养料，以利菌丝生长。播种后，把料面整平稍拍一下，让培养液和菌种接触紧密，但不能用力拍实，以免密不透气。用清水浸湿的干净报纸覆盖，关好门窗。保持房内温度30℃以下，相对空气湿度60%～70%，以利菌丝早日定植。

覆土前的管理：从播种到覆土约需20天，这段时间主要是促菌丝生长，管理重点是防高温，尽量使室温维持22～25℃，湿度65%。播种后的10天内，每天需揭动报纸1～2次，以通风换气。10天后可揭去报纸，早、晚开门窗，并逐步增加通风次数，注意防杂菌。

覆土：覆土就是在长满菌丝的料面上覆盖一层土粒。覆土的土质最好选用水田犁底层以下略带砂性的土壤或池塘底层泥土。覆土时先覆大粒（直径2～3厘米），做到料面不外露，土粒不重叠。然后覆盖小粒（如蚕豆大小）。土粒含水量20%左右，pH7.0～8.0为宜，如过酸，可用0.5%石灰水喷雾调节。

出菇前的管理：覆土后，若温度、湿度及通风条件适宜，约20天即可出菇。覆土后的2～3天内，每天轻喷水2～3次；10～15天内，早、晚各喷水1～2次，并注意通风，适当降低空气湿度，使土粒表面略显干燥，以促进绒毛状菌丝在土粒间横向生长，为出菇打下良好的基础。

覆土15天前后，即可见菌蕾。这时要喷“出菇水”，每天1次，水量略有增加，连续2～3天，使土湿润，达到手捏粘手程度。每喷1次出菇水，菇房就要大通风1次。7天左右，蘑菇子实体可长到黄豆大小，连续2天各喷1次重水（但不能让水渗到培养料表层），增加土粒湿度，让小菇及时得到足够水分，迅速膨大。

60. 沼气肥在棚栽油桃生产中如何应用？

北方农村能源生态模式中发展反季油桃生产，合理利用沼气肥，免施化肥，培肥了地力，改善了土壤理化性质，减少了病虫害发生概率，减少农药施用量，不但降低了生产成本，而且使油桃高产、稳产，品质优良，外形美观，味道鲜美纯正，以高于同品种 80%的价格出售还供不应求。年均棚效益在 1.5 万元以上。

他们的具体的操作方法和注意事项是：

(1) 沼气肥作为基肥、追肥、叶面喷肥使用。

①基肥：在油桃树的休眠期，即返青前 1 个月，取沼气肥对 5 倍清水，直接灌于树冠外围的圆形沟内。

②追肥：在油桃树落花坐果 20 天后，取肥对清水，施于树行之间的作业沟内。

③叶面喷肥：早油桃采摘前 1 个月，取沼肥过滤后对 10 倍的清水，以免造成肥害。

(2) 主要注意事项：

①未经允许发酵的沼气肥不能使用。

②作基肥用的沼肥，施用后要及时覆土，防止肥力挥发。

③作叶面喷施使用时，要据沼肥浓度，确定合理的对水比例，以免造成肥害。

61. 沼渣作为有机肥在温室土壤中施用有何效果？

温室生产中往往施用较多的化肥以求得较高的产量，而温室生产最大的特点是由于覆盖使温室土壤得不到雨水的冲刷，多年后会造成盐类在土壤中积累，导致土壤性质恶化，对作物生产造成危害，生育不良而减产。避免温室盐类积累危害作物有多种途径，最好的方法是多施有机肥，减少化肥的施入量。一般土壤盐类置换量大约是100克土置换10～20克盐，而腐殖质的置换量为它的20～30倍，施入有机肥有利于土壤的改良。温室中经常使用的农家肥大部分由秸秆类堆沤而成，这种农家肥经常带有大量的病原菌和虫卵，如果腐熟不充分施入土壤中易对作物造成感染，而发生病虫害。厌氧发酵生产的沼渣，病虫卵大部分在厌氧环境中被杀死，是较理想的农家肥。

沼渣作为有机肥在温室土壤中施用，不仅节约了化肥降低了生产成本，而且可提高温室作物抗盐能力。沼渣具有改善土壤理化性状的能力，长期施用可使土壤通透性得到改善，土壤有机质含量和氮含量有所提高，能防止温室土壤变酸，为温室作物提供一个良好的土壤环境。因而建议在保护地蔬菜生产中，增强作物抗盐能力，为菜篮子工程提供稳定的生产基地。

62. 如何用沼气灯光诱虫养鸡、养鸭、养鱼？

沼气灯光的波长在300～1 000纳米之间，许多害虫对于300～400纳米的紫外线光线有较大的趋光性。夏、秋季节，正是沼气池产气和各种害虫发生的高峰期，利用沼气灯光诱蛾、养鸡、养鸭、养鱼，可以一举多得。

沼气灯应吊在距地面或水面80～90厘米处。

沼气灯与沼气池相距30米以内时，用直径10毫米的塑料管作沼气输气管，超过30米时应适当增大输气管的管径。也可以在沼气输气管中加入少许水，产生气液局部障碍，使沼气灯产生忽闪现象，增强诱蛾效果。

诱虫喂鸡、鸭的办法：在沼气灯下放置一只盛水的大木盆，水面上滴入少许食用油，当害虫大量拥来时，落入水中，被水面浮油粘住翅膀死亡，以供鸡、鸭采食。

诱虫喂鱼的办法：离塘岸2米处，用3根竹竿做成简易三脚架，将沼气灯固定。

诱蛾时间应该根据害虫前半夜多于后半夜的活动规律，掌握在天黑至午夜12：00为宜。

63. 如何利用沼液、沼渣养花？

沼液及沼渣总称为沼肥，是生物质经沼气池厌氧发酵的产物。据测定，沼液中含有丰富的氮、磷、钾、钠、钙等营养元素。沼渣中除含有上述成分外，还含有有机质、腐殖酸等。经有关部门研究分析，沼肥中的全氮含量比堆沤肥高40%～60%，全磷比堆沤肥提高10%～20%，此外，作物对沼液和沼渣的利用率比堆沤肥提高40%～50%。此外，沼液和沼渣中还含有微量元素和17种氨基酸以及多种微生物和酶类，对促进作物和畜、禽、鱼的新陈代谢，以及防治某些作物病虫害有显著作用。在农业生产中，沼液及沼渣常用于浸种、叶面施肥、防虫、喂猪、盆栽、种柑橘、种梨、种西瓜、种蔬菜、旱土育秧、种水稻、种烤烟、种花生、养鱼、栽培蘑菇、养殖蚯蚓等。

配制培养土：腐熟3个月以上的沼渣与园土、粗砂等拌匀。比例为鲜沼渣40%，园土40%，粗砂20%。或者干沼渣20%，园土60%，粗砂20%。

换盆：盆花栽植1～3年后，需换土、扩钵，一般品种可用上法配制的培养土填充，名贵品种视品种适肥性能增减沼肥量和其他培养料。新植、换盆花卉，不见新叶不追肥。

追肥：盆栽花卉一般土少花大、营养不足，需要人工补充，但补充的数量与时间视品种与长势确定。

茶花类（以山茶为代表）要求追肥次数少、浓度低，3～5月每月1次沼液，浓度为1份沼液加1～2份清水；季节花（以月季花为代表）可1月1次沼液，比例同上，至9～10月停止。

观叶类花卉宜多施，观花、观果类花卉宜与磷、钾肥混施，但在花蕾展现和休眠期停止施用沼肥。

沼渣一定要充分腐熟，可将取出的沼渣用桶存放20～30天再用。

沼液作追肥和叶面喷肥前应敞开半天。

沼液种盆花，应计算用量，切忌过量施肥。若施肥后，纷落老叶，则表明浓度偏高，应及时淋水稀释或换土；若嫩叶边缘呈水渍状脱落，则表明水肥中毒，应立即脱盆换土，剪枝、遮阴养护。

64. 如何利用沼液、沼渣种蔬菜？

沼渣作基肥：采用移栽秧苗的蔬菜，基肥以穴施方法进行。秧苗移栽时，每667米^{2}用腐熟沼渣2 000千克施入定植穴内，与开穴挖出的园土混合后进行定植。对采用点播或大面积种植的蔬菜，基肥一般采用条施条播方法进行。对于瓜菜类，例如南瓜、冬瓜、黄瓜、番茄等，一般采用大穴大肥方法，每667米^{2}用沼渣3 000千克、过磷酸钙35千克、草木灰100千克和适量生活垃圾混合后施入穴内，盖上一层厚约5～10厘米的园土，定植后立即浇透水分，及时盖上稻草或麦秆。

沼液作追肥：一般采用根部淋浇和叶面喷施两种方式。根部淋浇沼液量可视蔬菜品种而定，一般每667米^{2}用量为500～3 000千克。施肥时间以晴天或傍晚为好，雨天或土壤过湿时不宜施肥。叶面喷施的沼液需经纱布过滤后方可使用。在蔬菜嫩叶期，沼液应对水1倍稀释，用量在40～50千克之间，喷施时以叶背面为主，以布满液珠而不滴水为宜。喷施时间，上午露水干后进行，夏季以傍晚为好，中午、下雨时不喷施。叶菜类可在蔬菜的任何生长季节施肥，也可结合防病灭虫时喷施沼液。瓜菜类可在现蕾期、花期、果实膨大期进行，并在沼液中加入3%磷酸二氢钾。

沼渣作基肥时，沼渣一定要在沼气池外堆沤腐熟。

沼液叶面追肥时，应观察沼液浓度。如沼液呈深褐色，有一定稠度时，应对水稀释后使用。

沼液叶面追肥时沼液一般要在沼气池外停置半天。

蔬菜上市前7天，一般不追施沼液。

65. 如何利用沼液、沼渣旱土育秧？

沼液、沼渣旱土育秧是一项培育农作物优质秧苗的新技术。

苗床制作：整地前，每667米^{2}用沼渣1 500千克撒入苗床，并耕耙2～3次，随即作畦，畦宽140厘米、畦高15厘米、畦长不超过10米，平整畦面，并做好腰沟和围沟。

播种前准备：每667米^{2}备好地膜10～12千克，竹片450片，并将种子进行沼液浸种、催芽。

播种：播种前，用木板轻轻压平畦面，畦面缝隙处用细土填平压实，用洒水壶均匀洒水至5厘米土层湿润。按2～3千克/米^{2}标准喷施沼液。待沼液渗入土壤后，将种子来回撒播均匀，逐次加密。播完种子后，用备用的干细土均匀撒在种子面上，种子不外露即可。然后用木板轻轻压平，用喷雾器喷水，以保持表土湿润。

盖膜：按40厘米间隙在畦面两边拱形插好支撑地膜的竹片，其上盖好薄膜，四边压实即可。

苗床管理：种子进入生根立苗期应保持土壤湿润。天旱时，可掀开薄膜，用喷雾器喷水浇灌。长出二叶一心时，如叶片不卷叶，可停止浇水，以促进扎根，待长出三叶一心后，方可浇水。秧苗出圃前一周，可用稀释1倍的沼液浇淋1次送嫁肥。

使用的沼液及沼渣必须经过充分腐熟。

畦面管理应注意棚内定时通风。

66. 如何利用沼液、沼渣种水稻？

沼液、沼渣种水稻主要包括沼液浸种、沼液沼渣旱土育秧、沼渣大田基肥和沼液叶面追肥4项基本技术。

沼液浸种及沼液沼渣旱土育秧见相关章节。

沼渣用作大田基肥：翻耕时，每667米^{2}用沼渣1 500～3 000千克和其他农家肥或饼肥撒入大田翻耕3次，然后放入浅水耙田2次，做到田面平整，深度适中，土质松软，修好田埂，做到田埂不漏水，沤2天后便可插秧。

沼液用作大田追肥：大田追肥应根据双季稻和一季晚稻生育期对肥料需求而定。双季稻应做到重前、控中、补后，一季晚稻应做到稳前、攻中、补后。双季稻在插秧后5～7天的返青分蘖期重施沼液，每667米^{2}用量为1 000千克，并可加入尿素100千克；在拔节长穗期，排水晒田，可不施肥。若长势较差，每667米^{2}用沼液50千克对水50千克，加入2千克尿素喷施。在水稻抽穗后，进入灌浆结实期，每667米^{2}用沼液50千克，加入3%磷酸二氢钾及微肥，对水50千克喷施，生长较差的可加入适量尿素。

沼液叶面追肥时要注意沼液浓度，若呈深褐色，有一定稠度时，务必对水喷施。若与化肥、农药混合喷施时，必须对水稀释，以防浓度过高伤害秧苗。

67. 如何利用沼液喂鸡？

沼液喂鸡是用沼液替代一部分水供鸡食用。一种方法是将沼液拌和在鸡饲料中饲用，另一种方法是与清水混合后供鸡饮用。

（1）肉鸡的沼液饲喂方法。饲喂前肉鸡注射新城疫苗1系。鸡饲料组成为米糠占11.16%，玉米占22.32%，麦麸占11.16%，麦草占55.36%。

沼液添加量为每只鸡每天 0.30 千克，占饲料重量的 26.79%。饲喂沼液 90 天后，比不添加沼液的鸡增重 34%左右。

（2）蛋鸡的沼液饲喂方法。不同发酵原料的沼液喂鸡的效果有一定差异。饲喂方法是将沼液与清水混合后供鸡食用。用牛粪发酵的沼液喂来航鸡，沼液与清水的拌和比为 3∶7。产蛋率可达到 62.4%（不喂的为 54.68%），提高 8%左右。

用鸡粪作为发酵原料的沼液，与清水的拌和比为 3∶7，产蛋率提高 9%；用猪粪作为发酵原料的沼液，与清水的拌和比为 3∶7，产蛋率提高 7%。

68. 如何利用沼液小麦浸种？

（1）浸种方法。沼液浸种在播种前一天进行。将晒过的麦种在沼液中浸泡12小时，取出种子袋，用清水洗净，再沥干水分。将麦种取出摊开，待表面晾干后即可播种。如要催芽，可按常规方法进行。

（2）浸种效果。与清水浸种相比，发芽率提高 3%左右，具有出苗早、生长快的特点。小麦产量可提高 7%左右。

69. 如何利用沼液玉米浸种？

（1）浸种方法。浸种时间为 4～6 小时，然后用清水洗净晾干即可播种。如要催芽按常规方法进行。

（2）浸种效果。与干播比较，有发芽齐、出苗早、苗健壮等优点，玉米产量提高 10%以上。

70. 新建沼气池已经检查不漏水、不漏气，为什么装料后总是不产气？

出现这种情况，大体上有以下原因：

（1）装料时没有加入足够数量的接种物，池内产甲烷菌少，使沼气发酵不能进行。

（2）加入沼气池的料液水温低于12℃以下，抑制了产甲烷菌的生命活动，如在北方寒冷地区第一次加料时是寒冷季节，池温低，会造成长时间不产气。

（3）沼气池的发酵液浓度过大，初始所产的乙酸产甲烷菌分解代谢不了使挥发酸大量积累导致料液酸化。

71. 沼气池装料后产气很少，甚至不产气或者有气点不着，这种故障怎么办?

这种情况多见于冬季气温低的时候。原因是：①沼气池密封性不强，可能漏水或漏气；②输气管道、开关等可能漏气；③缺乏产甲烷菌种，挥发酸的利用率不高，不可燃气体成分多；④配料过浓或青草太多，使挥发酸积累过多，抑制了产甲烷菌的生长；⑤可能是池温太低。

解决办法：①新建沼气池及输气系统均应进行试压检查，必须达到质量标准，保证不漏水不漏气才能使用；②排放池内不可燃气体，添加菌种，主要是加入活性污泥或者粪坑、老沼气池中的粪渣液，或换掉大部分料液；③注意调节发酵液的pH为6.8～7.5，判断发酵液过酸，除用pH试纸测试外还可根据沼气燃烧时火苗发黄、发红或者有酸味来判断。

调节pH的方法：①从进料口加入适量的草木灰或适量的氨水或石灰等碱性物质，并在出料间取出粪液倒入进料口，同时用长把粪瓢伸入进料口来回搅动。用石灰调节pH时，不能直接加入石灰，只能用石灰水。石灰水的量也不能过多，因为石灰的浓度过大，它与池内的二氧化碳结合，而生成碳酸钙沉淀。二氧化碳的量减少过多，会影响沼气产量。②采取增温措施，提高池温到12℃以上。

72. 以前沼气池产气很好，但大出料后重新装料产气不好是什么原因?

主要是出料时没有注意，破坏了顶口圈或出料后没有及时进料，引起池内壁特别是气箱干裂，或因为内外压力失去平衡而导致池子破裂造成漏水漏气，或出料前就已破裂，而被沉渣糊住而不漏，出料后便漏起来了。处理办法是：修补好破损处；进料前应将池顶洗净擦干，刷水泥浆 2～3 遍；凡大出料以后，要及时进料，以防池子干裂并保持池内外压力平衡。在地下水位高的地方，雨季不要大换料。

73. 沼气池装料后产气很好，大约三四个月以后产气有明显下降，在进出料口有鼓气泡现象是什么原因，怎样处理?

主要是池内发酵原料已经结壳，沼气很难进入气箱，而从出料口翻出去。主要原因是加了部分干马粪、草料造成的，一般利用纯人畜粪尿很少出现此种情况。

解决办法：人工破除结壳。初始投料要加适量的水堆沤：夏季 4～5 天，春、秋季 7 天，防止干料漂浮在料液面上而结壳。无拱盖的沼气池初始加水时要从水压间加水，防止料液冲到水压间。安装抽粪器，经常搅拌。

74. 原来沼气池产气很好，后来产气量明显下降或突然不产气是什么原因?

造成以上问题的原因如下：

(1) 开关或管路接头处松动漏气，或是管道开裂，或是管道被老鼠咬破，或冬季输气管内结冰堵塞。

（2）活动盖被冲开。

（3）沼气池胀裂，漏水漏气。

（4）压力表中的水被冲走。

（5）用气后忘记关气阀或关得不严。

（6）池内加入了农药等有毒物质，抑制或杀死了沼气细菌。

处理办法是：先看活动盖上的水是否鼓泡，如是，对池和输气系统分别进行试压、检查，看是否漏气或漏水结冰。如找出漏气处进行整修；换掉一部分或大部分旧料，添加新鲜原料。

75. 沼气池内全部进的人畜粪，前期产气旺盛，过一段时间后产气逐渐减少是什么原因？

这是因为人畜粪被沼气细菌分解，产气早而快。新鲜人畜粪入池后有30～40天的产气高峰期。如进一次料后不再补充新料，产气就会逐渐减少。所以必须强调猪舍、厕所、沼气池三连通，并与日光温室相连接，保证每天有新鲜原料入池，达到均衡产气，持续供给日光温室用肥。

76. 沼气池压力低时，水柱上升快，以后上升越来越慢，到一定高度就不再上升了，这是什么原因？

其原因是：①气箱或输气系统慢跑气，漏气量与压力成正比，压力越高漏气越多。压力低，产气大于漏气，压力表水柱上升，当压力上升到一定高度，产气与漏气相平衡，就不再上升了。②进出料管或出料间有漏孔时，当池内压力升高，进出料间液面上升到漏水孔位置，粪水渗漏出池外，使压力不能升高。③池墙上部有漏气孔，粪水淹没时不漏气，当沼气把粪水压下去时，便漏气了。④粪水淹没进出料管下口上沿太少，当沼气把粪水压至下口上沿时，水封不住沼气，所产的沼气便从进出料口逸出。⑤水压间起始液面过高，当池内产气达到一定时候，料液超出水压间而外溢。

处理方法是：①检查沼气池及进出料间和输气系统是否漏气或漏水，找到漏处进行修整；②如发酵料液不够，从进料口加料、加水至零压，液面达水箱底；③定期出料，始终保持液面不超高。

77. 压力表水柱上升很慢，产气量低是什么原因？

如果存在上述情况，一时又弄不清是产气少还是漏气，可用正负压测定：

如第一天 24 小时内压力表水柱由 0 上升到 10 厘米，从导气管处将输气管拔出，把沼气全部放完，在导气管处临时装一个 U 形压力表。从水压间内取出若干担粪水，使沼气池内变成负压。如果池子有漏洞，池内沼气不会漏出来，只会把池外的空气吸进去。再过 24 小时，把取出的粪水如数倒入水压间内，观察压力表水柱上升高度，如果与第一次水柱高度相同，说明不漏气而是产气慢；如果比第一次高了许多，说明池子漏气。

同时对输气系统也应进行试压检查是否漏气。如系统漏气，应检查出漏处，进行修理。如属产气慢，一是发酵原料不足，浓度太低，产气少；或虽原料多，但很不新鲜，营养元素已经消化完了，使沼气细菌得不到充足的营养条件。二是池内的阻抑物浓度超过了微生物所能忍受的极限，使沼气细菌不能正常繁殖，这就要补充新鲜发酵原料或者要大换料。三是原料搭配不合理，粪料太少。

78. 从水压间取肥时，压力表内水柱倒流入输气管内怎么办？

这是由于开关、活动盖未打开时，在出料间里出肥过多，池内液面迅速下降，使其出现负压，把压力表内水柱吸入输气管中。因此，出料过多时应将输气管从导气管上拔下来，取完肥仍插好管道。或出多少料进多少，使液面保持平衡，防止出现负压。

79. 压力表水柱很高，但气不够用，是什么原因?

这是发酵料液过多，气箱容积太小，或是水压间容积小。形体小而深所以压力虽高，但贮气量却少。压力表上水柱高低只是标明沼气池内液面与水压间液面之高差，不说明产气多少。要求平时做到勤进料，勤出料。不能过多过少。如农作物不需要用肥料，就要将料出到贮粪池内，雨季不要让雨水流入进料口。要按设计要求修建水压间。

80. 压力表水柱很高，但贮存的沼气很少是什么原因?

气压表水柱位置的高低，是衡量沼气池内沼气压力的大小，并不完全说明池内沼气量的多少。有的沼气池因为大量的雨水经进料口流进沼气池或发酵料液过多，造成气箱容积太小。当沼气产生时，池内压力增大，压力表上的水柱很快上升，但贮存的沼气量并不多。所以，当使用时，池内的沼气迅速减少，水柱很快下降，用气不久，池内的沼气就用完了。另外一种可能的情况是沼气气箱容积正常，即使沼气的量够，但沼气中甲烷太少，使沼气热量降低，为了保证火旺，沼气的耗气量增加，沼气很快耗完。

81. 压力表上水柱虽高，但一经使用就急剧下降，火力弱，关上开关又回到原处是什么原因?

这种情况是：导气管堵塞，或输气管转弯处扭折，管壁受压而贴在一起，使沼气难以导出或流通不畅；沼气池与灶具相距太远，所安装的管道内径小，或开关等管件内径小，使沼气流程压力增大。只要疏通导气管或整理管道扭曲压瘪的地方，或加大输气管和管件的内孔径即可。

82. 开关打开，压力表水柱上下波动怎么办？

这是输气系统或管道内有凝结水的现象，这要对输气系统进行试压检验，查出漏气处，如管道漏气，从漏气处剪断，再用接头连接好；如接头处漏气，则拔出管子，在接头处涂上黄油，再将管道套上并用扎丝捆紧；如开关漏气，修不好则应更换；放掉管道内凝结水，并在输气管最低处安装凝水器。

83. 压力表水柱被冲掉是什么原因？

这种情况只在V形压力表上出现。这是压力表管道太短，或久不用气使池内产生过高压力，当池内沼气压力大于管道水柱的高差时，沼气便会把管内水柱冲出来。因此安装压力表应按设计压力满足90厘米水柱（1毫米水柱＝9.806 65帕）高度，不可太短或太长，压力表上端要安装安全瓶，这样压力表既可反映池内压力，又可起保护作用。

84. 已经检验合格的沼气池在使用中为什么还会出现病态池？

这是因为沼气池投料后，在沼气发酵的初期，其发酵料液呈酸性状态，而水泥是碱性的，酸与碱必然发生中和反应，致使水泥砂浆密封层产生腐蚀。另外，沼气池的气室部位，由于沼气中含有硫化氢，也要对气室内壁水泥砂浆抹灰层发生腐蚀。另一方面，由于没有按施工标准施工，或建池时地下水位过高，土质荷载强度小，所建沼气池产生过大沉降或显著不均沉降，引起构造裂缝造成沼气池漏水漏气。由于以上原因，沼气池在使用过程中，难免出现病态池。

85. 沼气池漏气快，但漏气部位又不明显怎么处理？

可将进出料管下口上沿以上的池墙和拱顶洗刷干净并抹干，用素水泥浆排刷一遍，然后用 1∶1.5 的水泥砂浆重新抹一次，厚度约 3 毫米，做到压实、磨光、无砂眼，等干后再用素水泥浆排刷 2～3 次，或用藏龙牌密封剂刷两遍，可消除故障。

86. 沼气池池体发生裂缝怎么修？

先将缝隙凿大，加深成 V 形，周围表面拉毛，将松动的混凝土块及灰尘清洗干净，在 V 形槽和拉毛的地方刷一遍素水泥，然后用 1∶2 的水泥砂浆勾缝，压实抹光，最后刷两遍水泥净浆。

87. 沼气池池底沉陷怎么办？

用 8 磅（1 磅＝0.453 6千克）大铁锤将池底连同混凝土一并夯实，直到不出现多少锤印为止，上面再用卵石或石块填实，然后用 200 号混凝土浇筑池底，厚 5 厘米时，用 ϕ64 冷拔低碳钢丝 10 厘米见方摆放与上端池底角接上茬后，再用 200 号混凝土浇筑厚 5 厘米，要求压实抹光不出现砂眼。

88. 怎样修补沼气池池墙与池底连接处裂缝？

应先将裂缝凿开一条宽 3 厘米、深 3～5 厘米的沟槽，清洗掉松动的混凝土和灰尘，刷一遍素水泥浆，再用 200 号细石混凝土将沟槽补平压实，然后继续用混凝土将池墙与池底连接处浇注成圆角，压实抹光，使之加固。

89. 怎样封沼气池的活动盖？

先将池口和活动盖清洗干净，用黄黏泥将池口封严，活动盖顶端与池口之间留出 10～15 毫米深灰口，再用 1∶2 水泥砂灰抹严，待水泥稍凝后，再刷水泥素灰浆 1～2 次。封盖初期，沼气池昼夜在低压状态下运行，防止压力过高沼气冲破池盖封口，待封口水泥达到一定强度后，再高压运行。

90. 活动盖封口漏气怎么办？

先将活动盖和蓄水圈清洗干净，将漏气部位用铁钉划出新茬，适当扩大一些，再用水洗刷干净，把沼气用掉或放掉，使其压力降低，然后把干水泥用力塞入漏气部位，漏气部位的含水量能使水泥达到潮湿状态即可，24 小时后加水养护。如封口处水泥砂灰损坏严重，用 1∶2 水泥砂灰修补。防猪拱，可在水圈内临时摆一层砖，再用砂抹缝，维持 1～2 天即可。

91. 沼气池的导气管折断怎么办？

用手钎在导气管周围轻轻开凿一个 10～15 毫米深的小坑，使导气管露出即可。用水清洗干净，刷一层水泥浆，即可接通输气管。如导气管在活动盖上，待灰浆凝固后再加水封闭，用直径 4～6 厘米的铁管保护输气管。防止猪拱。

92. 怎样检查输气管路中是否漏气?

把接导气管一端的输气管路用手堵严，由接炉具一端向输气管内吹气，压力表水柱达 30 厘米以上迅速关闭开关，观察压力表压力是否下降，2～3 分钟后不下降，则输气管路不漏气，反之则漏气。

93. 压力表压力很高，炉具“有气无力”，扭开开关后，压力表下降不多是什么原因?

这是因为开关或炉具喷嘴堵塞所致，或者喷嘴孔径过小，气体流量不够，应对症疏通即可排除故障。

94. 开关漏气怎样维修?

不论是金属开关还是塑料开关，将开关拆开，扭下旋转轴，将“黄黏油”涂抹在轴上，重新装配后即可，“黄黏油”既防漏又起润滑作用，注意不要将通气孔堵塞。

95. 为什么沼气池不论投料或未投料，都不准敞池口时间太长呢?

这主要是防止气箱风干出现细微龟裂漏气。原料预处理，需在池内堆沤时，也不要将池口大敞开，应适当遮盖。预处理达到一定程度立即封口。

对稍微漏气的沼气池。暂不出料维修的，要适当提高发酵液水位，缩小气箱漏气面积，淹没部分气箱，维持使用。

96. 哪些物质不能投入沼气池中，怎样预防酸、碱中毒？

下列物质不能投入沼气池：

电石，各种剧毒农药，有机杀菌剂，抗菌素，刚喷洒了农药的作物茎叶，刚消过毒的禽畜粪便；能做土农药的各种植物，如大蒜、桃树叶、百部、皮皂子嫩果、马钱子果等；重金属化合物、盐类，如电镀废水等都不能进入沼气池，以防沼气细菌中毒而停止产气。如发生这种情况，应将池内发酵料液全部清除再重新装入新料。

禁止把骨粉和磷矿粉等含磷物质加入沼气池，以防产生剧毒的磷化三氢气体，给人以后入池带来危险。

加入的青杂草过多时，应同时加入部分草木灰或石灰水和接种物，防止产酸过多，使 pH 下降到 6.5 以下而发生酸中毒，导致甲烷含量减少甚至停止产气。

防止碱中毒。发生这种现象主要是人为地加入碱性物质过多，如石灰，使料液 pH 超过 8.5 时发生的中毒现象，有时也伴随铵态氮的增加，碱中毒现象与酸中毒相同。

防止氨中毒。主要是加入了含氨量高的人畜粪过多，发酵料浓度过大，接种物少，使铵态氮浓度过高引起的中毒现象，其现象与碱中毒的现象相同，均表现出强烈的抑制作用。

97. 怎样做好沼气池的安全管理工作？

（1）沼气池的出料口要加盖，防止人、畜掉进池内造成伤亡。

（2）经常检查输气系统，防止漏气着火。

（3）要教育小孩不要在沼气池边和输气管道上玩火，不要随便扭动开关。

(4) 要经常观察压力表上水柱的变化。当沼气池产气旺盛，池内压力过大时，要立即用气和放气，以防胀坏气箱，冲开池盖，压力表冲水。如池盖一旦被冲开，要立即熄灭沼气池附近的明火，以免引起火灾。

(5) 加料或污水入池，如数量较大，应打开开关，慢慢地加入。一次出料较多，压力表水柱下降到 0 时，打开开关，以免产生负压过大而损坏沼气池。

(6) 注意防寒防冻。

98. 怎样安全用气?

(1) 沼气灯、灶具和输气管道不能靠近柴草等易燃物品，以防失火。一旦发生火灾，不要惊惶失措，应立即关闭开关或把输气管从导气管上拔掉，切断气源后，立即把火扑灭。

(2) 鉴别新装料沼气池是否已产生沼气，只能用输气管引到灶具上进行试火，严禁在导气管和出料口点火，以免引起回火炸坏池子。

(3) 使用沼气时，要先点燃引火物，再开开关，以防一时沼气放出过多，烧到身上或引起火灾。

(4) 如在室内闻到腐臭蛋味时，应迅速打开门窗或风扇，将沼气排出室外，这时不能使用明火，以防引起火灾。

99. 沼气灶如何安装及使用?

沼气灶应安装在厨房内，房间高度不应低于 2.2 米，并有良好的自然通风设置。

灶的背面与墙距离不小于 10 厘米，侧面不小于 25 厘米，如果墙面为易燃材料时，必须设隔热防火层。

用火柴点火时，应先将划着的火柴放至外侧火孔边缘，然后打开阀门。火焰的大小靠燃气阀来调解，有的灶具旋塞旋转 90°时火势最大，再转 90°则是一个稳定的小火。使用时突然发生漏气、跑火时，应立即关闭灶具阀门和灶前管路阀门，然后请维修人员检修。

要保持沼气灶的清洁，灶具火孔容易被米汤、菜汤或其他杂物堵塞，所以要经常擦去污渍或用铁丝疏通，清扫灶具。

100. 到沼气池内出料或维修应注意哪些安全事项？

（1）下池出料、维修一定要做好安全防护措施。打开活动顶盖敞开几小时，先出掉浮渣和部分料液，使进出料口、活动盖口三口都通风，排除池内残留沼气。下池时，为防止意外，要求池外有人照护，并系好安全带，发生情况可以及时处理。如果在池内工作时感到头昏、发闷，要马上到池外休息。对进入停用多年的沼气池出料要特别注意，因为在池内粪壳和沉渣下面还积存一部分沼气，如果麻痹大意，轻率下池，不按安全操作办事，很可能发生事故。

（2）对于无拱盖的沼气池，如需进入池内检修，或换料、清理渣肥时，要拔下沼气池口的输气管后从水压间舀出料液，当需要清理池底层沼渣时，可在水压间底部用一长把粪勺把池底沼渣钩出来。当需要进池内检修时，必须把料全部清出来后，再敞口1～2 天，或从出料口通道往池内鼓风，下池前可将鸡、鸭等小动物投入池内，如动物活动正常，说明池内有害气体已排除，可以入池作业，其他安全措施同上。

要大力推广“沼气出肥器”，这样可以做到人不入池，既方便又安全。

（3）揭开活动顶盖时，不要在沼气池周围点火吸烟。进池出料、维修，只能用手电或电灯照明，不能用油灯、蜡烛等明火，不能在池内抽烟。

(4) 禁止向池内丢明火烧余气，防止失火、烧伤或引起沼气池炸裂。

101. 在沼气池内发生事故应怎样抢救?

一旦发生池内人员昏倒，而又不能迅速救出时，应立即采用人工办法向池内送风，输入新鲜空气。切不可盲目入池抢救，以免造成连续发生窒息中毒事故。将窒息人员抬到地面避风处，解开上衣和裤带，注意保暖。轻度中毒人员不久即可苏醒。较重人员应就近送医院抢救。

102. 在模式的日光温室中要注意预防哪些有害气体?

在日光温室内由于通风不良，蔬菜很容易遭受有害气体的危害，常见的有害气体及其危害如下：

(1) 氨气。当氨气浓度超过 5 微升/升，黄瓜、番茄就会受到伤害。其受害症状最初叶片像开水烫过一样，干燥后变褐色。

(2) 亚硝酸气体浓度达到 2 微升/升，番茄、辣椒等蔬菜就能受害，其受害的症状是靠近地面叶片，起初被开水烫过似的，之后叶变白而枯死。

检查以上两种气体是否过量的方法是：测定从棚膜上滴下的水滴的酸碱度即 pH，如水滴为碱性则氨气过多，如水滴为酸性则亚硝酸气体过多，pH 在 5.5 以下即会造成危害。

(3) 一氧化碳和二氧化硫气体。这两种气体的危害是隐性中毒，蔬菜本身无明显被害症状，但品质差，对产量影响大，其症状是在叶后气孔及周围出现褐斑，表面黄化。

预防措施是:①使用产气情况良好发酵一个月的沼肥,少施氮肥，不施饼肥。②严禁在模式内堆沤粪肥，以防产生过量的氨气。③在模式内点燃沼气灯及燃烧沼气只能应用2小时。过长时间燃烧沼气时应通过炉子排烟道把烟气排到模式外部。④不准往模式内放沼气，因为沼气中含有硫化氢和一氧化碳，都会使蔬菜受害。

103. 灶具火焰摆动，有红黄闪光或黑烟是什么原因？

原因有几种：孔径太小，一次或二次空气不足，或燃烧器堵塞，或二次空气不足。排除方法：清扫和冲洗燃烧器，或加大喷嘴和燃烧器的距离，或调整二次通风器。

104. 灶具火焰过猛，燃烧声音大是什么原因？

原因：一次空气过多或灶前沼气压力太大。排除方法：关小空气调风板或灶前开关。

105. 灶具燃烧时，火力时强时弱，灯具一闪一闪，压力表上下波动是什么原因？

原因：输气管道内有积水，阻碍沼气输送。排除方法：取下输气管，排除管道内积水；在管路上加装凝水瓶。

106. 沼气灶燃烧火焰微弱，喷嘴前出现火焰及噪音是什么原因？

原因：燃烧器火孔较大，烧一定时间后，火孔过热；沼气压力低，引起回火。排除方法：适当提高锅架高度，降低火孔温度；提高沼气压力，调节风门或更换火盖。

107. 灶具放在炉膛内使用，火焰从炉口窜出是什么原因？

原因：炉口尺寸过小，燃烧后烟气排除不畅，燃烧需要的一次空气无法补充。排除方法：加大炉口尺寸后用小一号锅，保证燃烧后的烟气顺利排除。

108. 电点火沼气灶、沼气灯点火困难是什么原因？

原因：沼气压力太高，或点火针位置偏斜，或电池电压太低。排除方法：点火时压力降低一些，点着后，再调到正常压力；调整点火针与支架间距4～6毫米；更换干电池。

109. 沼气灶火焰减弱是什么原因？

原因可能是喷嘴堵塞，或火盖火孔因腐蚀变小，或输气管内有水。排除方法：清理喷嘴；清洁火孔；排除管内积水，加装气水分离器。

110. 沼气虽多，但灯不亮无白光是什么原因？

原因：纱罩质量不佳，或调风孔的位置未调好，或喷嘴孔径过小或堵塞，或沼气流量过小。排除方法：更换好的纱罩；摸索操作经验，反复调试；清理喷嘴，加大沼气量。

111. 灯光发红是什么原因？

原因：沼气不足，空气太多；沼气空气混合不均匀。排除方法：提高沼气压力，加大沼气量；减少一次空气，关小调风孔。

112. 灯光减弱是什么原因？

原因：沼气不足，压力降低，或喷嘴堵塞，或吸入了废气。排除方法：加大沼气量，或用针或细钢丝疏通喷嘴，或排除废气干扰。

113. 纱罩壳架外有明火是什么原因？

原因：沼气量过大，或一次空气不足，或喷嘴孔不正。排除方法：关小沼气阀门，或开大一次空气进风口，或更换喷嘴。

114. 纱罩破裂脱落是什么原因？

原因：耐火泥头破碎，中间有火孔；沼气压力过高；纱罩未装好，点火时受碰。排除方法：更换新泥头，或控制灯前压力为额定压力，或装上玻璃罩防止蚊蝇扑撞。

115. 玻璃罩破裂是什么原因？

玻璃罩本身热稳定性不好；纱罩破裂，高温热烟气冲击；沼气压力过高。排除方法：采用热稳定性好的玻璃罩，或及时更换损坏的纱罩，或控制沼气灯的压力不要过高。

116. U型压力计上压力较高，但灶具火力不强是什么原因？

开关孔径太小，喷嘴堵塞。更换开关，清扫开关芯孔。将喷嘴拆下清扫。

117. 灶具燃烧时，火力时强时弱，有时断火，压力表上下波动是什么原因?

输气管道内有积水妨碍沼气输送，排除管道内积水。

118. 沼气燃烧时，火焰离开火孔，不放锅时脱火或熄灭，火盖最外两圈脱火是什么原因?

燃烧器的火孔数量少，出火孔面积小；池内压力过高，沼气流速太快；火盖上火孔堵塞，出火孔面积小，一次空气引射不进去。选用技术性能好的灶具；控制灶前压力为额定压力；用钢丝清扫火孔使其达到原来尺寸，当不能恢复原状时，应更换火盖。

119. 灶具燃烧时，灶盘边沿有“火焰云”而中间无焰是什么原因?

一次空气引射不足；灶面距锅底太近，特别是热负荷过大时，氧气供给不足，产生压火；灶具外圈火孔大而密，中心无火孔。注意选用技术性能好的灶具，控制锅底至灶面的距离。

120. 灯泡忽亮忽暗是什么原因?

燃烧不稳定，引射器设计加工不好；输气管内积水或堵塞。调整、检查引射器，清除管内积水和杂物。

121. 新池子加料很久不产气或产气点不着；开始产气好，过一段时间就差了；进、出料口不冒泡是什么原因？

加水过凉，温度太低；发酵料液变酸；没有加接种物；加入的发酵原料中，含有能杀死沼气细菌的有毒物质。发酵原料先堆沤，发热后进料，要加经太阳光晒热的温水；先用 pH 试纸测定，确定偏酸性，再用石灰水或草木灰中和；加入含沼气细菌的接种物，如活性污泥等。重新换料。

122. 发酵原料充足，但产气不足是什么原因？

进、出料口经常冒气泡。浮渣结壳。打开活动盖板，搅拌发酵原料。

123. 大换料 3 个月后，产气越来越少是什么原因？

原料不足，应添加新料。

124. 沼气压力表上的水柱虽高，但火力不足是什么原因？

沼气中含甲烷量少，发热量小。调节好发酵原料的酸、碱度，加添含产甲烷菌多的活性污泥。

125. 渗水、漏水如何处理？

地下水渗入池内，可用盐卤拌和水泥，堵塞水孔，用灰包顶住覆塞水泥的地方，20 分钟后，可取下灰包，再覆一层水泥盐卤材料，再用灰包顶住，如此连做3次，即可将地下水截住，也可以用硅酸钠溶液拌和水泥填入水孔。硅酸钠溶液与水泥合用，2～3分钟内便可凝结，为便于操作可加适量的水于硅酸钠溶液中，以减慢凝结速度。

126. 导气管与池盖交接处漏气如何处理？

可将其周围部分凿开，拔下导气管，重新安装导气管，灌注标号较高的水泥砂浆，或细石混凝土，并局部加厚，确保导气管的固定。

127. 池底下沉或池墙脱开如何处理？

可将裂缝凿开成一定宽度、一定深度的沟槽填以200号细石混凝土。

128. 水压式沼气池的工作原理有哪些？

在水压式沼气池中，当发酵产生沼气逐步增多时，气压随之增高（沼气压力的大小可由安装于输气管线路上的压力表或压力计显示），出料间液面和池内液面形成压力差，因而将发酵间内的料液压到出料间，直至内外压力平衡为止。当用户使用沼气时，池内气压下降，出料间中的料液便压回发酵间内，以维持内外压力新的平衡。这样，不断地产气和用气，使发酵间和出料间的液面不断升降，始终维持压力平衡的状态。

129. 圆筒形池的优点有哪些？

（1）结构受力性能良好，受力各阶段在池内外轴对称荷载作用下，池体各部位大部分处于受压状态，池墙下部虽有少部分受拉区，但拉力并不大，便于采用砖、石、混凝土等，其抗压强度远大于抗拉强度的脆性圬工材料，使结构厚度大大减薄，沼气池的土建造价相应降低。

（2）同一容积的沼气池，在相同受力条件下，圆形池的表面积比较小，仅次于球形池。

（3）圆形池“死角”少，有利于甲烷菌的活动，且容易解决密闭问题。

130. 氨中毒如何处理？

模式内沼气池，由于发酵原料多是人畜禽粪便，含氮丰富，常常会出现氮比例失调，偏碱现象。这是由于池内铵态氮浓度过大，对发酵产生了抑制作用而造成的。这种现象就称为氨中毒。解决办法：可向池内加一些含碳多的原料，如青草、菜叶、作物秸秆、豆秸等，减少进料量，或用醋酸、盐酸调节。

131. 产气不稳定怎么办？

模式内的沼气池，要不间断地供给大棚蔬菜用肥，还要兼顾用户炊事用气。因此，必须做到产气均衡、持久、稳定，应特别注意以下几点：

（1）保持池内发酵有较高的温度。在选择池址时，要选在地下水位低、能接受阳光照射的地方。在入冬前，进行一次大换料；计算好人畜粪便和水的数量后入池；进、出料口要加盖塑料膜保温；也可在棚内晒热水，或将出料间的沼液从进料口加入，以上种种措施，都是为了提高池温。

（2）控制池内发酵浓度。发酵浓度即原料中干物质在发酵液中的百分比。在用畜禽粪便作发酵原料时，一般控制在7%～

10%。在第一次装满料后，每天入池的料量为20～30千克猪粪，相当于4～6头猪的排粪量。模式内如果养猪、禽数量大，就应考虑建大容积的沼气池。一个8米^{3}的沼气池，养猪最多不能超过10头。猪粪多时，不能全部入池，要清扫出猪舍，在棚外堆沤，以防池内浓度过大，造成中毒现象。

（3）适当搅拌。搅拌可以打破浮渣层的结壳，使沼气池中的微生物与发酵原料更多地接触，提高产气量。家用沼气池多采用机械搅拌，用人工将一长杆伸入进（出）料口搅动。模式内沼气池，每天可从出料口取出沼液，冲入进料口数次也能起到搅拌的作用。

（4）注意发酵料的合理搭配。经常加一些含碳有机物，如青草、秸秆等（要粉碎后加入），以调节碳氮比例，避免中毒。

132. 如何安全使用沼气、沼肥？

（1）沼气中的一氧化碳、硫化氢是引起中毒的成分，使用沼气时，要注意空气的流通，室内要有通风口以防窒息。

（2）出料口要加盖、冬季防寒，注意人畜安全，防止人畜掉入池内。

（3）防止管道漏气与积水，沼气池漏，易燃易爆，管道积水，引起压力波动，以致断气，冬季结冰易造成管道破裂。

（4）进池维修时，要排净池内气体，先用小动物做试验，方能入池，系上安全带，池外有人看护。

（5）严禁明火近池，不允许池内吸烟，维修时用手电筒或防爆灯具。

（6）沼液作根外追肥时，要注意浓度，最好随灌溉水施入，以免烧苗，作为叶面喷肥，一定要对水稀释。

（7）沼渣作为底肥施用前，要在池外适当堆沤，以杀死部分残留在池底的病原菌。

（8）每3年进行一次大换料，清除池内沼液和沼渣，放尽余气，对贮气箱全面检查一遍，重新刷水泥浆。

133. 目前，国家和行业颁发了哪些户用沼气标准或规程？

目前，国家和行业颁发了10个沼气方面的标准和规范，它们是：

GB/T 4750—2002　户用沼气池标准图集

GB/T 4752—2002　户用沼气池施工操作规程

GB/T 4751—2002　户用沼气池质量检查验收规范

GB/T 9958—88　农村家用沼气池发酵工艺规程

NY/T 466—2001　户用农村能源生态工程　北方模式设计施工和使用规范

NY/T 465—2001　户用农村能源生态工程　南方模式设计施工与使用规范

GB 7636—87　农村家用沼气管路设计规范

GB 7637—87　农村家用沼气管路施工安装操作规程

GB/T 3606—2001　家用沼气灶

NY/T 344—1998　家用沼气灯

二、高效预制组装架空炕连灶

134. 辽宁省推广高效预制组装架空炕连灶的情况如何？

辽宁省推广高效预制组装架空炕连灶（俗称“吊炕”）是在“七五”、“八五”期间，全省农村能源科技人员依据建筑结构学、流体力学、热力学、气象学等多种学科反复研究、不断实践而研制成功的一门综合性的科学技术。其灶的热效率由过去的14%～18%提高到25%～35%，炕灶综合热效率由过去的45%左右，提高到70%以上。据有关技术部门测试，每铺“高效预制组装架空炕连灶”每年可节约1 382千克秸秆或1 210千克薪柴，相当于691千克标准煤。炕内宽敞，排烟通畅，结构合理，炕温能做到按季节所需调节，温度适宜，不仅热效率高，而且外形美观，为床式。它的特点是，花钱少，见效快，技术简单，容易普及，因而深受广大农民群众的欢迎，被称为农民家中的“席梦思”。

辽宁省推广“高效预制组装架空炕连灶”是在搞好试点的基础上逐步展开的。截至2005年末，全省累计发展314.6万铺，年节约薪柴378万吨。在高效预制组装架空炕连灶推广过程中，全省先后涌现了桓仁、新宾、宽甸、本溪县等很多先进县典型。“九五”期间，桓仁县委、县政府在全省率先提出“灶王口中夺青山，居安思危建家园”的口号，4年推广高效预制组装架空炕连灶9万铺，成为全省第一个普及新式节能炕灶的县。仅此一项，每年就节约薪柴 11.9 万吨，等于恢复或封育超过5 336米^{2}薪炭林，直接经济效益2 500多万元。全县森林覆盖率已由69.9%提高到 72.6%。水土流失基本得到控制，生态环境趋于好转，农民生活条件有了较大改善，促进了全县农村经济发展。

辽宁省推广的“高效预制组装架空炕连灶”技术于 1989 年通过农业部组织的专家鉴定，结论为“国内领先”，被省政府评为科技进步三等奖，1994 年由省技术监督局出台辽宁省地方标准，“九五”期间被农业部列为在三北地区推广的重大科技项目之一。2003 年 4 月 12 日，辽宁省农业厅组织省技术监督局等有关专家重新审定了辽宁省农村能源办公室修订的高效预制组装架空炕连灶标准，结论为“居国际先进水平”，经省技术情报所检索，高效预制组装架空炕为辽宁省首创，并已报国家专利。

135. 推广高效预制组装架空炕连灶在我国北方农村的作用和重大意义是什么？

千百年来，“烧柴火做饭，用火炕取暖”是我国北方广大农村的传统习惯。沿用多年的旧式炕灶，因为热效率低，每年要烧掉大量农作物秸秆和薪柴，却不能很好地解决农民烧火取暖的问题，致使农业生态环境日趋恶化，已成为影响我国北方农村经济和社会发展的重要因素。

我国农村广大 9 亿农民对能源的需求在短期内恐怕无法满足。农村能源建设已成为关系到我国广大农民生产、生活的大事。随着农村改革开放的不断深入，广大农民吃饭的问题基本得到解决。但是，农民“不愁锅中无米，却愁锅下无柴”，烧柴、做饭、取暖已成为新形势下彻底解决农民温饱的突出问题。随着农村经济的发展，农村能源已不仅仅是农民的生活质量问题，它既关系到农村现代化进程，又关系到生态环境的改善。因此，党和政府对此十分重视，提出了“因地制宜、多能互补、综合利用、讲求实效”，“开发与节约并举”的农村能源建设方针，并在近期内把农村节约能源放在首要地位。大力推广高效预制组装架空炕连灶，提高生物质能直接燃烧的热能利用率，改变有米一锅、有柴一灶的浪费能源的原始取火局面，给子孙后代留一座座青山，一片片沃土。以求尽快改变农村生活能源短缺的紧张状况，促进农业生产和农村经济的持续发展。

党和政府十分重视推广省柴节煤灶炕。早在1983年2月10日国务院办公厅就批转了国家计委、农牧渔业部“关于加快农村改灶节柴工作的报告”，批示指出：“解决农村烧柴问题是件大事，要求各地一定要认真抓好这件事”。如今已是20多年过去了，许多地区农村烧柴问题仍未很好解决。有的地方而是越来越严重，这不仅关系到广大农民当前的生活，而且关系到农村的长远建设和生态平衡。从经济上估算，一个灶一年节省下来的燃料平均可达80元左右，全国若有1亿农户改用节能炕灶，一年即可节省人民币80亿元。所以，节柴改灶工作同农民生活的改善，同农业、林业、牧业和其他各业的发展，同生态平衡都有着极为密切的关系。

136. 农村推广高效预制组装架空炕连灶的六大特点是什么？

（1）热效率高，节能显著。据测试，灶的热效率由老式炕灶的14%～18%提高到25%～35%，炕灶综合热效率由45%左右提高到75%以上。每铺高效预制组装架空炕连灶年可节约标准煤691千克。

（2）炕温均匀，能做到按季节所需适度调节，增加热舒适度。由于对炕、灶、烟囱采取一系列技术改进措施，可使炕温均匀，做到冬暖夏凉。

（3）增加散热面，提高室温。由于炕底部架空，使炕体由原来的一面散热改为上、下、侧三面散热，在同等条件下，可提高室温 4～5℃。

(4) 外形美观、卫生，可带动改厨、改院，提高农民生活环境质量。高效预制组装架空炕连灶的推广和普及，使“村村的柴垛少了，家家的柴垛小了”，庭院整洁，厨房干净而卫生，提高了农民生活环境质量，改善了村容村貌，促进了精神文明建设。

(5) 使用效果好，降低劳动强度。高效预制组装架空炕连灶施工技术简单，搭砌容易，解决了老式炕灶不好烧、年年扒砌、费工、耗柴等问题，节约砍柴工，减低农村妇女的劳动强度。

(6) 造价低，原材料易获取。依据炕板等原材料的不同，架空炕单体投资 300～350 元。群众可因地制宜，根据自身经济条件自由选取材料。

137. 我国农村过去使用的旧式炕灶都存在着哪些弊病?

我国农村传统的老式灶具有“一不、二高、三大、四无”的弊病：

一不：通风不合理。旧式灶没有通风道（落灰坑），只靠填柴口通风，从填柴口进入的空气不能直接通过燃料层与燃料调和均匀，所以，燃料不能充分燃烧。常言道：“灶下不通风，柴草必夹生；要想燃烧好，就得挑着烧”。

二高：锅台高，吊火高。旧式灶只考虑做饭方便和填柴省力，锅台搭得很高，锅脐与地面的距离很大，使火焰不能充分接触锅底，大量的热能都流失掉了。造成开锅慢，做饭时间长。常言道：“锅台高于炕，烟气往回呛；吊火距离高，柴草成堆烧。”

三大：填柴口大、灶膛大、进烟口大（灶喉眼）。旧式灶由于这“三大”使灶内火焰不集中、火苗发红、灶膛温度低，火焰在灶膛里停留时间较短，增大了燃烧热能辐射损失，使一部分热量从灶门和进烟口白白地跑掉了。

四无：无炉箅、无炉门、无挡火墙、无灶喉眼插板。旧式灶由于无炉箅使灶内通风效果不好，燃料不能充分燃烧，出现燃烧不尽和闷炭的现象。由于填柴口无炉门，大量的冷空气从炉门进入灶内，降低了灶内温度，影响了燃烧效果，增大了散热损失。由于灶膛内无挡火墙，使灶内的火焰和高温烟气在灶内停留的时间短，火焰直奔灶喉眼，不能充分接触锅底，锅底的受热面积小，做饭慢，时间长，费燃料。由于旧式灶没有灶喉眼插板，因此造成灶喉眼烟道留得小了，没风天时抽力小，烟气就排不出去、出现燎烟、压烟和不爱起火；灶喉眼烟道留得大了，在有风天时，炕内抽力大，烟火又都抽进炕内，出现不爱开锅、做饭慢等现象。所以旧式灶费柴、费煤、费工、费时，热效率低。

此外,农村旧式炕还有“一无、二不、三阻、四深”的弊病：

一无：旧式炕内冷墙部分无保温层。冬季，炕内冷墙部分（前墙、后墙、山墙）的里墙皮有时上霜、挂冰、炕内热量损失很大。同时，里墙内如抹得不严，造成透风而又不好烧。如果在冷墙部分增设保温层，可防止透风和减少炕内热量损失。

二不：旧式火炕的炕面一是不平，二是不严。过去搭炕是“不管炕面平不平，最后全用泥找平”。这种做法是不对的。炕面不平，烟气接触炕面的底面流动时的阻力就大，影响分烟和排烟速度；炕面不严则炕内支柱砖受力不均，出现炕面材料折断和塌炕的现象，还会直接影响炕面的传热和均温效果。

三阻：旧式火炕炕头是用砖堵式分烟，造成烟气在炕头集中和停顿，使炕头分烟阻力大。炕洞大多采用卧式砌法，占面积大，炕面的受热面积就小，炕洞内又摆上迎火砖、迎风砖等，造成炕内排烟阻力大。火炕炕梢由于用过桥砖搭炕面，造成排烟不畅，炕梢出烟阻力大。这三阻使得火炕不好烧和不能满炕热，增大了炕头与炕梢的温差。

四深：旧式火炕的炕洞深、“狗窝”深、闷灶深、落灰膛深。这“四深”使炕内储存了大量的冷空气。这些冷空气还要吸去和带走很多热量，造成多烧燃料而炕不热。

总之，旧式灶炕由于这些弊病的影响，经常是不好烧，炕不热，屋不暖，造成费煤、费柴、费工、费时、费材料。

138. 高效预制组装架空炕连灶与过去农村旧式炕连灶都有什么区别？

炉灶、火炕是我们日常生活中不可缺少的，一个家庭如果有一个好烧的炉灶、热乎的火炕会给生活提供方便，增添欢乐，做饭快，又省柴、省煤，室内卫生，生活舒适。炕灶不好烧，既浪费燃料，增加开支，又给家庭生活带来很多麻烦和苦恼。

当前，农村使用的旧式炕灶存在着很多弊病。旧式灶没有通风道，灶膛大、灶门大、喉眼大，柴草不能充分燃烧，热量损失很大，费柴、费煤、费时。旧式炕结构不合理：炕内的落灰膛、闷灶、“狗窝”、炕洞都很深，搭炕时既浪费了很多材料，又在炕内贮存了大量的冷空气，以致炕凉屋冷。有时炕灶冒烟使得室内烟雾弥漫、灰尘乱飞，把人呛得涕泪皆流。有的灶，火苗从灶口外窜，炕头局部过热，有时造成火灾。总之，旧式炕灶热能利用率仅有20%左右，既浪费大量的燃料，又延长了做饭时间，炕不能全热，还不安全，不卫生。

高效预制组装架空炕连灶是在总结传统旧式灶炕的基础上进行改造的。新式灶增加了底部通风道，创造了合理的通风条件，并适当地缩小了填柴口、灶膛、进烟口和吊火高度，增加了炉门、挡火圈和灶喉眼插板，控制了烟火直扑锅底的距离，延长了烟火在灶膛内停留的时间，又提高了灶内热辐射效果。由于灶内温度高，使一些可燃气体和炭得到了充分燃烧，热能得到充分利用；炉门和灶“喉眼”插板的控制，又减少了散热和排烟的热损失。

高效预制组装架空火炕的外形：为了提高室内温度和采暖，把原来的卧式砖炕墙砌筑改成了立砖式砌筑，把落地式火炕改成架空式火炕，把平板式火炕改成样式美观大方的床形火炕。

炕内结构：为炕内冷墙部分增设了保温层，减少了冷墙部分的热损失；取消了炕内深炕洞的平形垫土、阶梯形垫土和坡形垫土，根据日常所用的燃料和烧火的多少合理地掌握了炕洞上下间的高度；把旧式炕的炕头堵式分烟、角度式分烟改为炕梢人字缓流式分烟的结构，这样加快了炕头分烟和排烟速度，缩短了烟气在炕头停留和散热的时间；在搭炕面时要求炕上、炕下、炕梢都撬边式，炕面板严而平整，炕面抹泥平而光滑无裂痕；炕洞墙立式而又少，废除了炕内挡火砖和迎风砖，炕洞内平整畅通，使炕内创造了合理的热辐射、热对流、热传导的条件，提高了炕梢温度，缩小了炕头与炕梢的温差；停火时有炉门、灶喉眼插板和烟囱插板的控制，使炕内保持了温度，也提高了室内温度。

高效预制组装架空炕连灶与旧式炕灶在辽宁省进行多次测试对比，实践证明：旧式灶烧开 5 千克水，需 13～15 分钟，用柴草 1.5～2.4 千克，搭一铺 3 米长、1.8 米宽的旧式炕需红砖 600 块，用 30～45 千克柴草，10 小时以上才能烧干。新式灶，烧开同样温度的 5 千克水，只需 8～10 分钟，用柴草 0.6～0.9 千克；搭一铺同样大小的架空炕，用炕板 18 块、红砖 200 块，20～30 千克柴草，6～8 小时就可烧干。新式灶比旧式灶节省柴草一半以上，架空炕比旧式炕可节省柴草 1/3 以上。按这样计算，如果一个农户一天节省柴草 6～7 千克，一年可省柴草 2 吨以上。因此，高效预制组装架空炕连灶具有省柴省煤、省工省时、好烧方便、炕热屋暖、安全卫生等特点。

139. 21 世纪的新睡宝——美观轻体组装活动的床式炕是怎样设计的？

美观轻体组装活动床式炕是 21 世纪火炕的发展方向。这种结构的火炕来源于倒卷帘火炕，因为它的烟囱位置已经具备了与炉灶间墙喉眼同在一侧墙的条件。如家庭人口 3～4 人，室内小或是火炕上楼，搭这种样式的火炕更为适合。在制作这种火炕时可采用铁板、耐高温抗折塑料板、耐火石棉板及钢筋混凝土预制板等材料做成1950毫米×1600毫米×180 毫米（长×宽×高）的烟箱，烟箱上面应留出 50 毫米厚的炕面保温面层，烟箱两头应用活动的床头架支撑而组装成轻体活动式冬夏两用床（尺寸还可根据自家实际情况确定）。

(1) 床头：可用铁管做成，也可做成木制的。床头要高于床平面 200～250 毫米，也可根据实际情况确定。

(2) 床体烟箱是烟气通过的地方，如选用铁板制作，首先要先选出 40 毫米×40 毫米或 50 毫米×50 毫米，长1950毫米的角钢 4 根做骨架，然后在这 4 根角钢下面用 2 毫米以上的铁板焊成一个 1950 毫米×1600 毫米×180 毫米的长方体为烟箱。按照室内摆布情况和安放的位置，确定是横放还是顺放，在与主体墙接触的一面要留出进烟口和排烟口。在留出的进烟口和排烟口相对的一面留为活面，可用螺丝加石棉垫固定，为以后清灰而用。还要在长方体烟箱内按照图纸其中一种结构的样式、尺寸，焊上挡烟墙。如图 1 所示。

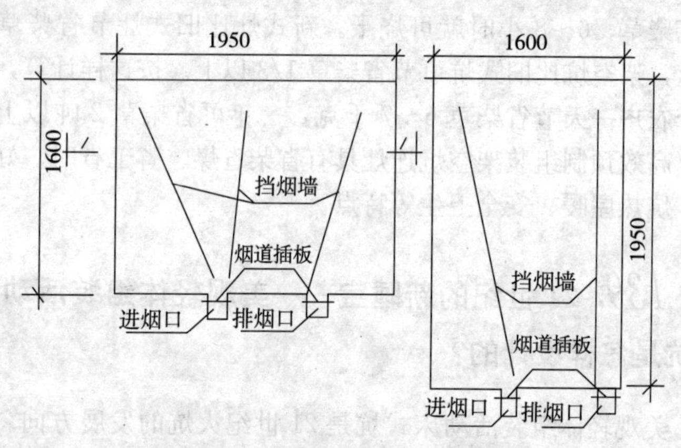

图 1 双人床式烟箱内部结构平面图

（单位：毫米）

这样，长方烟箱内的挡烟墙，既起到了分烟作用，又起到了支撑作用。同时，可根据墙体上炉灶出烟口和烟囱进烟口的距离尺寸，在烟箱上焊接或螺丝固定出长 100 毫米、截面为 120 毫米×150 毫米的进烟口和 120 毫米×120 毫米的排烟口的插头，中间间距为 700 毫米，并在这两个插头的根部分别制作出烟道插板。还要在烟箱的四角焊上与两个床头固定的插销。当铁床固定好之后，要把进烟口和排烟口相接处严加密闭。

床头分为固定式和活动式的，也可做成等高或高、低式并加以美化。

(3) 床式炕炕面的处理。在长方形烟箱上面的四边上，要焊出一个 50 毫米高的槽，如图 2 所示。在冬季把槽内装上一层红砖或干细炉渣，上面用砂泥或草砂泥抹面、压光，起到了保温和睡火炕的目的。同时，烟气的热量又从烟箱的侧面和底面散到室内，从而提高了室内温度。夏季可把烟箱上的炉灶烟气进炕烟道插板插严，把槽内的红砖或干细炉渣取出，把海绵垫压入里面或把做好的弹簧床垫压入槽内，可解决夏季睡床需要。

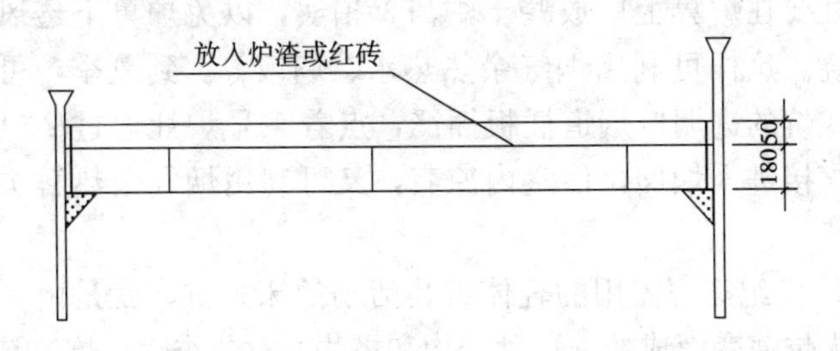

图 2 双人床式烟箱纵剖面及炕面处理

（单位：毫米）

(4) 床式炕的炉灶处理要求。炉灶的处理：长 1 115 毫米，宽 500 毫米，高 6 层砖。炉膛深度是 3～4 层砖，为了利用烟气余热可搭两个炉灶，每个炉灶喉眼烟道分别用烟道插板控制，如图 3 所示。

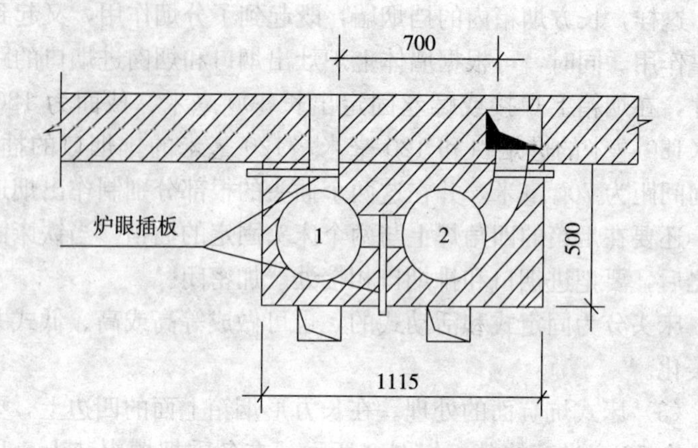

图 3　双炉灶烟道及进烟口插板处理平面图
（单位：毫米）

在冬季，当急需提高室内温度时可把 1 号炉灶点着让高温烟气直接进入床式炕的烟箱内；在一般的情况下，可点着 2 号炉灶，让烟气通过 1 号炉灶再进入床式炕的烟箱内，但不点火的炉灶要在炉箅上层放些干炉渣，拍实，以免炉箅下透风而影响燃烧。这样可利用烟气余热热水、焖饭等。到夏季，可把进入床式炕的进烟口烟道插板插严，点着 1 号炉灶通过 2 号炉灶烟道直接进入烟囱，使室内凉爽，又可利用烟气余热解决炊事问题。

21 世纪家庭需用的轻体组装活动的床式炕，就是由倒卷帘架空火炕演变而成的。这种结构和搭法，对冬季睡热炕，夏季睡床，室内凉爽，好烧，省燃料，减少占地面积等方面都将会收到很好的效果。同时，这种结构的火炕便于工厂化生产，商品化销售，用户按照产品说明书就可自行组装，方便群众，解决了用户不懂技术搭炕难的问题。

美观且冬暖夏凉的轻体组装活动式床型火炕，将随着农村人民生活的提高和家庭人口的减少，以及农村建房的发展，无论是在平房、架房以及今后农村的中小型楼房中都将会广泛地应用和普及。

140. 什么样的火炕为架空火炕?

我国北方农村所使用的火炕都是平地砌起，炕洞下部又都垫上250～300毫米厚的土层，大量的热能不能被利用，而白白地浪费掉了，因此炕灶综合热效率仅在40%左右，这种火炕被称为火炕发展中炕内结构复杂的第一阶段火炕——落地式火炕。

为了提高火炕下部的热能有效利用效果，达到高效节能的目的，现将火炕下部用预制的大块水泥混凝土板和石板，采用几个支柱将火炕架起，形成火炕双层散热面，为卧式火墙；又因为火炕的上下炕面增大，炕内支柱减少，使炕内结构也就简单了。这种将火炕架起，双层散热，炕内结构简单的火炕，就是今后和现在推广的第二阶段火炕——架空火炕。

141. 架空火炕由哪些结构部分组成?

辽宁省经过多年的研究、试验和示范，创造出的高效预制架空火炕，其结构由炕下支柱、炕底板、炕墙、炕内支柱、炕内阻烟墙、烟插板、炕面板、炕面泥、炕檐以及炕墙瓷砖等组成。

142. 架空火炕具备哪些热性能特点?

高效预制组装架空炕连灶经过科学地设计，现已具备炕体热能利用面积大、传热快的升温性能；使炕上、炕下、炕头、炕梢热度适宜的匀温性能；以及采取了有效技术措施，延长了散热时间的保温性能。这三项性能特点是架空火炕高效节能的根本。

143. 架空火炕提高炕体热能利用率采取了哪些技术措施?

火炕既然作为人们休息和采暖的生活设施，炕体就必须获得并积蓄足够的热量才能供停火后利用。为了维持一定的室温，火炕就要有一定的散热能力。而要保证炕面有足够的温度，又要有一定的保温蓄热能力。所以，高效预制组装架空炕连灶在提高热能利用率方面采取了以下措施：

（1）火炕底部架空，取消底部垫土，增大散热面积。落地式火炕只有炕面散热，室温的提高主要靠室内的土暖气和取暖炉。而架空炕将底部架空，取消炕洞垫土，使炕体由原来的一面散热变成上下两面散热，而且把原落地式火炕炕洞垫土导热损失的热量也散入室内，提高了室温，也提高了火炕的热效率。据实测，在不增加任何辅助供暖设施，不增加燃料耗量的情况下，比落地式火炕可提高室温 4～5℃。

（2）增加炕体获得的热量。炕体获得的热量多少，标志着炕体利用热能的程度，而热量获得的多少，是由烟气与炕体换热时间长短和换热面积大小决定的；换热时间的长短又取决于烟气在炕内滞留的时间，而烟气在炕内滞留时间的长短又取决于烟气流速，流速越快，停留的时间就越短。落地式火炕由于受炕面材料的限制，不得不过多摆放支撑点，不适当地增加一些阻挡，再加上采用直洞式炕洞，使烟气流通的横截面积减少而流径短，不易扩散，致使烟气流速加快，缩短滞留时间；同时烟气与炕体接触面积大为减少，一般减少了 30%～50%，极大地影响了烟气与炕体换热。

高效预制组装架空炕连灶由于采用较大面积的炕板，只有少数几个支撑点，取消了前分烟和落灰膛，使流通截面积增加了30%以上，有效地降低了烟气流速。实测表明：通过呈喇叭状的火炕进烟口（灶喉眼）高速进入炕体的高温烟气，由于无阻挡地突然进入一个大空间，烟气流速急剧下降，至炕体的1～1.5米处时，可降至0.1米/秒。由于烟气在无阻挡和无炕洞及无分烟阻隔情况下，烟气能迅速扩散到整个炕体内部并与炕体进行热交换，保证了足够的换热时间；同时也保证了炕体受热的均匀。

架空火炕由于取消了前分烟、小炕洞，减少了支撑点，所以增大了烟气与炕体面板的接触，增强了烟气与炕体的换热。

架空火炕实质为一间壁式换热器，其换热量遵从下式：

$$Q = K \cdot F \cdot \Delta t \cdot T$$

式中 Q——换热量；

K——传热系数；

F——传热面积；

Δt——换热温差；

T——换热时间。

换热面积增加及换热时间的延长，使得换热量增加，从而提高了架空火炕的热利用率。

（3）合理调节进、排烟温度。进炕烟温的高低，直接影响到炕体温度；而排烟温度的高低，直接影响到炕体的综合热效率。以往改炕改灶由于追求灶的热效率，单纯认为灶的拦火强度越大越好，虽然灶的热效率上去了，但灶拦截热量过多，造成炕体不能获得足够的热量，冬季炕凉群众不欢迎，出现了改过来又改过去的局面。架空火炕要求炕灶合理匹配，适当减少灶的拦火程度以保证进炕烟温在400～500℃，而炕梢控制排烟温度在50～80℃以使炕体获得足够的热量。

144. 架空火炕提高炕面均温性能采取了哪些技术措施？

炕面均匀与否，是衡量火炕热性能较为敏感的指标之一。落地式火炕由于炕洞、堵截等限制，易形成炕头热、炕梢凉，中间热、炕上下凉或一条热、一条凉等弊病，而高效预制组装架空炕较为理想地解决了这些问题，并且能够达到满炕热和热度均匀。

（1）取消了炕体人为设置的炕洞阻隔，使换热过程在整个炕体内而不是在各个局部炕洞内进行，消除了炕洞之间温度不均匀性。

（2）由于消除了前分烟及各种阻挡形成的烟气涡流，仅在炕梢、排烟口前设置后阻烟墙，保证了烟气充满整个炕体，使得炕面温度更趋均匀。

（3）通过炕面抹面材料厚薄调节炕面温度。炕头部位首先接触高温烟气，炕温就高于其他部位。为改善这一状况，采取两项措施：一是架空火炕在搭炕底板时，使炕梢略高于炕头 20 毫米；而在搭炕面板时，又使炕头略高于炕梢 20 毫米，这样使炕内的炕头到炕梢就形成炕头空间大、炕梢空间小的一个等腰梯形的空间；由于烟气体积是随温度逐渐降低而缩小，所以不会出现不好烧现象。二是在抹炕面泥时，炕头抹面厚 60 毫米，炕梢抹面厚 40 毫米，平均抹面厚为 50 毫米，保证了炕面温度均匀的效果。

145. 架空火炕提高炕体保温效果采取了哪些技术措施？

火炕不但要有一定的升温性能及均温性能，同时还要有一定的保温性能，以保证火炕热的时间长而降温慢。高效预制组装架空炕为提高保温性能采取了如下措施：

（1）架空火炕由于炕体内部为一空腔，由灶门、喉眼、排烟口和烟囱形成一个没有阻挡的通畅烟道，如不采取技术措施，停火后炕体所获得的热量就会以对流换热形式由通道排出。为此，架空火炕要求一是要在排烟口处安装烟插板，二是要在灶门处安装铁灶门。当停火后关闭烟插板和铁灶门，使整个炕体形成一个封闭的热力系统。这样，停火后系统内只能允许通过炕体上下面板及前炕墙向室内散热以提高室温。炕面由于有覆盖物，所以炕面散热缓慢，也就保证了炕面凉得慢的要求。同时，炕内靠近冷墙部位，在搭砌火炕时又增设了50毫米厚的保温墙，减少了向墙外散热的损失。

（2）如前所述，炕体保温蓄热性能通过抹炕面材料厚度来调节热容量的大小。炕体主体材料一般为水泥混凝土板或定型石板其热容是固定的，如以砂泥为抹面材料，根据理论计算和实践经验证明，抹炕面厚度平均在50毫米为最佳，如太薄会出现火炕热得快、凉得也快的现象。所以，架空炕的炕体温度满足了用户日常生活的需求。

146. 高效预制组装架空炕连灶综合热效率指标是多少？

高效预制组装架空炕连灶经过反复研制、实际用户使用和测试；在施工操作中可按照辽宁省标准局颁布的《高效预制组装架空炕连灶砌筑规程》标准砌筑。因此，架空炕连灶综合热效率指标定为70%。

147. 一铺架空炕连灶一年能节省多少标煤？

截至2005年末，辽宁全省现已推广高效预制组装架空炕连灶314.6万铺。几年来通过实践证明，一铺架空炕年节柴草1 382千克或节薪柴1 210千克，相当于年节691千克标煤。

148. 高效预制组装架空炕连灶具备哪些效果？

高效预制组装架空炕连灶在推广中已具备：

（1）节能效果。年可节标煤691千克。

（2）使用效果。比普通的落地式火炕可提高室内温度4～5℃，并且好烧、炕热、省工、省时。

（3）文明效果。美观、干净，为卧式火墙，炕墙又为装饰的壁画。

架空炕连灶由于具备以上三种效果，因此深受广大用户的欢迎。

149. 架空炕常用哪些材料组装砌筑？

架空炕可以用经过定型加工出来的石板，用模具按规定尺寸预制出来的水泥混凝土板，用模具定型的红砖结块炕板材料，以上这些材料都可用来组装砌筑。

150. 架空炕炕体材料必须具备哪些性能？

过去落地式火炕所使用的搭砌火炕材料是用砖、土坯和多边形石板，虽然热性能较好，但由于每块面积较小，强度不高，寿命短，使炕体设计不能尽合人意；同时很难实现规格化、定型化，为此必须寻求理想的炕体材料。从人体要求和经验来看，炕面温度应在25～30℃，每次烧火后升温应在8～15℃，这就要求炕体材料必须具备三种性能：①有一定的机械强度，寿命长，坚固耐用；②取材容易，价格便宜，群众能够承担；③具有一定的蓄热性能和传热性能。

151. 组装砌筑一铺架空炕之前应准备哪些工作？

组装砌筑高效预制组装架空炕之前，具体准备应做好以下几方面工作：

(1) 要提前25天以上打好水泥混凝土炕板或提前备好定型石板及红砖结块炕板。

(2) 提前一周把旧炕扒掉。同时，还要求炕下地面用水泥混凝土将地面打好，待养生好、水泥完全结固后再搭砌架空炕。

(3) 准备其他材料：①1 米^3 中砂；②0.6 米^3 黏土；③200块砖；④两袋425$^{\#}$水泥（出厂期在3个月以内的）；⑤细炉渣0.2 米^3；⑥烟插板一个；⑦炕墙瓷砖50～70片（152型号）。

152. 使用水泥混凝土炕板应怎样确定尺寸?

高效预制组装架空炕如使用水泥混凝土打架空炕的炕板，在预制打板前，首先必须确定好每块炕板的最佳尺寸及用多少块炕板。其确定方法：给哪家用户搭架空炕，就到哪家去量尺寸。取用户炕长的实际尺寸减去50毫米除以3，便是一块炕板的长；炕板宽为600毫米，厚为50毫米，这样规格的炕板需15块。再取炕板长乘以宽500毫米，厚为50毫米，这样尺寸的炕板需3块。也就是（炕长尺寸－50毫米）/3×600毫米×50毫米合计15块。（炕长尺寸－50毫米）/3×500毫米×50毫米合计3块。使用时：炕底板用600毫米宽的9块，炕面板用600毫米宽的6块，500毫米宽的3块。整个架空火炕上下板合计为18块。

153. 水泥混凝土炕板所用材料的标准和要求是什么?

水泥混凝土炕板所用材料的标准和要求：水泥要求325$^{\#}$、425$^{\#}$，出厂期在3个月内的；砂子要求水洗的中粗砂，使用时无杂草、无土；石子要求碎石或卵石直径为15～30毫米。打板后养生期必须保持在28天以上方可使用。

154. 打水泥混凝土炕板的材料应怎样配料？

用水泥混凝土打架空炕炕板的材料配比：如果采用325#水泥打炕板，其水泥、砂子、石子可按1∶2∶2合成。如果采用425#水泥（出厂期在3个月以内的）打炕板，其水泥、砂子、石子可按1∶2∶3合成。

155. 架空炕下部的地面处理有哪些要求？

架空火炕的底板由于是用几个立柱支撑而成，这几个与地面接触的立柱承受力很大，如地面处理不实，出现下沉现象，就会使整个炕体或局部出现裂缝，影响火炕的热度和使用，还会造成煤气中毒。同时，架空火炕下面地面处理的好坏又决定了火炕的效果，寿命的长短，这是一个关键的环节。

所以要求，搭砌架空火炕不管是新建房，还是旧房搭砌架空火炕，砌炕前必须要把地面用水泥混凝土砸实、抹平，待养生坚固后方可搭砌架空火炕。就是要掌握一个原则，必须将立柱下面的基础处理好，决不能出现下沉现象。

156. 架空炕组装砌筑时应怎样放线？

在组装砌筑架空炕时，首先要按事先准备好的架空炕的炕板大小确定放线位置。操作顺序：技工用尺量出每块炕板的长、宽尺寸，然后在架空炕下部的地面上用笔打出每块炕板的位置的格，炕底板9块位置即可弄清楚，每个立柱要求正好砌在炕板的交叉点的中心位置上。

157. 架空炕下部支柱的高度应如何确定？

由于架空炕的炕体排烟部分，在设计上要求是个固定尺寸的排烟密封体。架空炕下部支柱的高低决定了架空炕的高矮度，那么支柱的高低又是根据用户家庭人员需求和房屋结构确定的。如家庭人员都是成年人，个子又较高，架空炕就可高一些；家庭人员孩子较小，为了使小孩自己上炕方便，搭砌的架空炕就可矮一些。新房窗台高，那么架空炕就可高一些；旧房窗台低，架空炕就可搭得低一些。所以，通常辽宁省农村架空炕下部支柱的高度为 3 层、4 层、5 层、6 层砖。也就是 180、240、300、360 毫米的不同高度。

158. 架空炕下部支柱有几种砌筑形式？

架空炕下部支柱有两种砌筑形式：一是在炕底板每个对交点上全用立柱的形式砌筑；二是在砌筑架空炕下支柱时，如周围的主墙体下部抹得不严、不平、不光，就可把周围支柱砌成顺砖的围墙，中间是立柱的形式。

159. 架空炕下部支柱的砌筑都有哪些要求？

砌筑架空炕底板支柱时，首先要量好底板的尺寸，其底板与底板的缝隙应正好对准立柱的中心线上，中间支柱平面的 1/4 要正好担在底板角上；在砌筑时要拉线，炕梢和炕上的灰口可稍大一些，炕头和炕下的灰口可稍小一些，使之炕梢稍高于炕头，炕上稍高于炕下，高低差为 20 毫米。底板下支柱砌筑时，可采用 120 毫米×120 毫米、120 毫米×240 毫米的砖砌形式。

160. 架空炕底板的安装方法和要求是什么?

在安放架空炕底板时，要先选好三块边直棱角齐全的水泥炕板放在外侧，安放时一定要稳拿稳放，先从里角开始安放，待平稳牢固后方可再进行下一块。全部放完后要量好炕头、炕梢宽度是否一致，炕墙处外口水泥炕板要用线将底角拉直，以便给砌炕墙和抹面打好基础，整个炕底板安装完后不得有不平稳和撬动现象。

161. 怎样做架空炕底板的密封和保温处理?

架空炕底板安放完后，要用 1∶2 的水泥砂浆将底板的缝隙抹严。然后，再用和好的草砂泥，按 5∶1 比例合成，在底板上层普遍抹一遍，厚度为 10 毫米；由于底板有坑、包不平现象，所以抹草砂泥主要用来起到找平作用，然后再用筛好的干细炉渣放在上面刮平、踩实，从而起到严密、平整、保温的效果。

162. 架空炕炕墙的砌筑形式有哪些，高度如何，有什么要求?

架空炕炕墙砌筑类型分平板式、上下出沿中间缩进的形式等。砌炕墙要求必须拉线砌，可用 1∶2 的水泥砂浆坐口，立砖砌筑，炕墙的砌筑高度为炕梢 240 毫米，炕头 260 毫米；砌筑时要事先将红砖浸湿，定好要砌的类型、高度；如果是镶瓷砖要事先量好瓷砖的尺寸，使之正好符合瓷砖的要求，以上这些问题在砌筑炕墙前都要考虑好，避免出现不合适和返工的现象。

163. 架空炕炕内的冷墙体应如何保温?

架空炕炕内接触的外墙体为冷墙，对这部分墙体要采取保温处理，避免因上霜、挂冰、上水和透风对火炕有影响，造成灶不好烧，火炕不热。所以砌筑炕内这部分围墙时，要求用立砖、坐灰口、横向砌筑，并与冷墙内壁留出50毫米宽的缝隙，里面放入珍珠岩或干细炉渣灰等保温耐火材料，要用木棍捣实，上面再用细草砂泥抹严。处理好冷墙体的保温，对炉灶的好烧、炕热保温、减小热损失都起到了一定的作用。

164. 架空炕炕内支柱高度应如何确定?

炕内支柱砖的多少决定于炕面板的大小。在摆炕内支柱砖前要求先将底板上层用干细炉渣灰找平、踩实，要求中间的支柱砖可比炕上、炕下两侧的支柱砖稍低10毫米；同时在冷墙体的里壁或其他墙体处砌出炕内围墙，既作炕面板支柱，又作冷墙体的保温墙体；中间支柱位置要与底板下边的支柱对齐。

架空火炕炕内支柱砖的（长×宽×高）高度为：120毫米×120毫米×炕头180毫米至炕梢160毫米。

165. 架空炕炕梢烟插板采用怎样的安装方法?

架空炕为了火炕保温，减少热量损失，在火炕炕梢出烟口处必须安装烟插板。烟插板在安装时可按以下操作方法进行：首先将选好和开关灵活的烟插板放在火炕出烟口处，底部用水泥砂灰垫平，两边待砌炕内围墙时用砖轻轻挤住，烟插板的顶部高度不得高于两边围墙高度，可略低于5毫米，烟插板的拉杆可从炕墙处引到外侧，要求两头的接触点必须是水平，在炕梢炕墙外侧可做成环形或丁字形，以便开、推方便，安装完后，不要乱动，避免造成松动，影响水泥凝固效果。

166. 架空炕为什么要增设炕梢阻烟墙?

架空炕炕梢增设后阻烟墙，采用的是炕梢缓流式人字分烟墙的处理，这种分烟处理，可使炕梢烟气不能直接进入烟囱内，使炕梢烟气，尤其是烟囱进口的烟气由急流变成缓流，延长了炕梢烟气的散热时间，降低了排烟温度，也排除了炕梢上下两个不热的死角。这样处理可使炕头、炕梢的烟气往两侧扩散、流动，提高了火炕上下两边的热度，缩小了炕头与炕梢的温差。

167. 架空炕炕梢阻烟墙的砌筑有什么要求，尺寸如何?

架空炕炕梢人字阻烟墙可做成预制水泥件，也可用红砖砌成。人字阻烟墙尺寸为 420 毫米×160 毫米×50 毫米，内角为 150°左右，阻烟墙的两端距炕梢墙体，可按烟囱抽力的大小确定为 270～340 毫米。要求阻烟墙的顶面与炕面接触的部分要用灰浆密封严，不得出现跑烟现象。

168. 架空炕炕面板安装前密封处理的目的是什么，怎样操作?

架空炕炕面板在安放前应做好密封处理，其目的是为了解决炕面板下部和侧面四周圈不严的问题，否则就会出现漏烟现象。其操作方法：在安放炕面板时，采用筛后和好的草砂泥，把四周的炕内围墙顶面抹上一层 10 毫米厚的细草砂泥，使炕面板接触的下部与墙体接触的侧面都有泥，炕面板上面挤出的草砂泥再与炕面泥接上抹平，达到炕面板四周稍撬起和严密的效果。

169. 架空炕炕面板的安放与要求是怎样的？

架空炕炕面板在安放时要稳拿稳放，搭在支柱上的位置要合适，不得出现搭偏和撬动现象。要求中间稍低，整个炕面板为炕梢略高于炕头，炕上略高于炕下，炕上炕下略高于中间的稍翘边式的处理为最佳。

170. 对架空炕炕面泥的厚度有什么要求？

高效预制组装架空炕在研制和实验期间，为了延长火炕的保温时间，解决架空炕下半夜凉得快的问题所采取的一项措施。经实践和测试证明，架空炕的炕面泥使用的材料为砂泥，炕头厚度为 60 毫米，炕梢厚度为 40 毫米，平均厚度为 50 毫米是最佳效果，并利于炕体贮热和保温。

171. 架空炕炕面泥应抹几遍才好？

架空炕炕面泥要求抹两遍。第一遍为底层泥，可采用黏土、砂子按照 1∶5 加少量的麻刀或碎草合成，抹炕面泥时要求找平、压实。炕头厚度可先抹 55 毫米，炕梢厚度为 35 毫米。第二遍泥等到第一遍泥干到八成时就可开抹，但应采用筛好的细砂、黏土，加少量的白灰或水泥按 4∶1 合成，抹时按 5 毫米的厚度，要求二遍泥抹完后平整、光滑、无裂痕。

172. 对架空炕炕面泥的配比有什么要求？

架空炕炕面泥在配比时要求：①砂为粗中砂，要过筛子；

②黏土要求无黏块，或用粗筛子筛好；③炕面泥要早一些和成，待用，而且要和得均匀；④第一遍泥是用粗中砂、黏土，按5∶1合成；第二遍泥是用中细砂、黏土，按4∶1比例合成。

173. 怎样才能镶好架空炕的炕墙瓷砖？

架空炕炕墙镶瓷砖首先要把底和水泥砂浆麻面找好，有棱角的地方要事先找好棱角，瓷砖面的图案要事先切好、摆好。然后再开始粘瓷砖，将瓷砖用水浸湿，浸的时间长短要看水泥麻面的干湿程度决定。然后，在瓷砖的背面抹上糊状素灰浆再粘在炕墙上，要用手轻轻敲动直至实声或达到要求的平面为止；要注意瓷砖粘在炕墙上后，缝隙要对齐，图案要找好，表面要平整。炕墙瓷砖镶好后，7天以内为养生期不能烧火，以保证瓷砖的牢固性。

174. 架空火炕没有抽力或抽力小是什么原因？

架空火炕没有抽力或抽力小的原因：

(1) 架空炕的炕体不严密，有透气之处。

(2) 烟囱不严密或高度不够造成。

解决方法：

(1) 高效预制组装架空炕在砌筑上要求是非常严格的，炕体部分不允许出现一点漏烟现象，尤其是架空炕的底板面。架空炕的炕体如果漏气，不但没有抽力，还会使烟气跑到室内造成环境污染或煤气中毒；架空炕如底板漏烟，需要解决的措施只有一个，就是重新按要求搭砌架空炕。

(2) 如果烟囱上下不严密要及时将烟囱抹严密；高度不够的要加高烟囱，使之高于房脊0.5米以上。

175. 架空火炕凉得快是什么原因？

架空火炕凉得快的原因：

(1) 炕梢出烟口过大，又未设炕梢烟插板。

(2) 炕洞过深，有储存冷空气的地方。

(3) 炕面过薄，蓄热量不够。

(4) 两个炉灶的架空炕未设灶门或不烧火的灶未堵严造成。

解决方法：

(1) 架空炕的炕梢出烟口要求是180毫米×200毫米（高×宽），并要求必须安装活动的烟插板控制烟量。

(2) 架空炕的炕洞深度要求是180毫米以内为最好，如果过深就会增加冷空气的储量，降低炕内的温度。

(3) 架空炕的抹炕面要求抹砂泥平均厚度为50毫米，这是蓄热效果最佳厚度，这样才能达到8～10小时的人体需要的温度。

(4) 架空炕连接的炉灶，不论一个还是两个灶都必须安装灶门或喉眼插板，当停火后或睡觉前必须将灶门或插板关严，使炕内的热量散到室内和起到保温作用。

176. 省柴节煤灶的热效率标准应是多少为好？

架空炕省柴节煤灶的热效率，要比原来国家标准规定的单体省柴节煤灶热效率14%的基础上高一些；根据民用炕连灶综合热效率的要求和匹配原则，架空炕所砌的省柴节煤灶热效率应在28%～35%之间为最佳。

177. 省柴节煤灶有几种砌法？

省柴节煤灶有两种砌法：

(1) 平砖砌法。

(2) 立砖砌法。

两种砌法都要在砌体中间留出30～40毫米的空隙，里面填入干细炉灰，防止灶体的热量散失，提高灶内温度。

178. 省柴节煤灶应具备哪些结构？

架空炕所砌的省柴节煤灶应具备灶下通风道、炉箅子、填柴(煤)口、铁炉门、灶内拦火墙、排烟口(灶喉眼)等结构。灶体是用红砖材料砌筑而成，是农村家庭生活炊事的主要设施。

179. 省柴节煤灶应达到哪些效果？

架空炕所砌的省柴节煤灶必须达到以下几方面效果：①节能效果：架空炕连体的省柴节煤灶年可节省柴草1 400千克，折标准煤0.7吨，灶的热效率可以达到30%以上；②使用效果：省柴节煤灶不仅达到了好烧、起火快、灶保温的效果，同时，又由于灶底部是采用缩进去的砌筑形式，所以用户在炊事操作时不碰脚，能做到既美观又实用；③美观效果：架空炕在砌筑省柴节煤灶时，要求布局要按用户实际需求设计。比如：在省柴节煤灶的旁边设计水泥水缸、橱柜、菜板台等，都将与灶体综合考虑，然后再镶上白瓷砖，使其美观大方、使用方便。

180. 省柴节煤灶砌筑前应准备哪些材料？

省柴节煤灶在砌筑前应准备以下材料：根据人口和家庭需要选择好几印的大锅；购买铁锅时要选锅沿厚、锅底薄而匀、锅脐小而平的使用效果才好。同时，还需要铁灶门1个，铁炉箅1个。

砌筑材料：准备325#水泥二袋，红砖150～200块，粗中砂0.5米^3，套灶膛用的黏土0.2米^3，细炉渣灰等。有条件的家庭还需准备好镶锅台面的瓷砖。待这些物资备齐后，即可找技工按照架空炕省柴节煤灶的设计图纸施工。

181. 省柴节煤灶位置应如何确定？

省柴节煤灶的灶体位置应根据使用锅的大小、间墙进烟口的位置及厨房布局要求综合考虑确定。原间墙留的灶喉眼如果尺寸大小、高低都不合适，要首先进行修整。砌前要先量好铁锅的直径尺寸，要求大锅与间墙或其他靠近的墙体必须保持100毫米以上的距离，然后就可考虑要砌通风道的位置。灶体的外形放线，灶体位置确定的好坏会直接影响到燃烧效果、使用效果和美观效果。

182. 省柴节煤灶下部通风道有几种砌筑形式？

省柴节煤灶下部的通风道有两种砌筑形式。一种砌筑形式是横向（指火炕）通风道，另一种砌筑形式是顺向通风道。

183. 省柴节煤灶下部通风道的砌筑有什么要求，尺寸如何？

省柴节煤灶下部的通风道在砌筑横向通风道（指与火炕宽一个方向）时，那么通风道的中心线按与间墙留出一横砖宽后，再取锅直径的中心线再向外（指间墙）移动30～50毫米即可放线，以防烧火偏心。如砌筑顺向通风道（与火炕长一个方向）时，只要通风道的中心线与锅的中心线在同一位置即可。

通风道在砌筑时要先按要求挖好坑，量好尺寸，通风道的底部要踏实，再用砖、石片、水泥处理好，两侧可砌成垂直形或梯形；其长度可根据锅台的大小确定，但灶体外侧必须留出250～300毫米长的清灰口；通风道的宽为220～250毫米，深为300毫米以上。

184. 省柴节煤灶灶内炉箅子应如何选用？

省柴节煤灶下部的炉箅是燃料燃烧供氧的通风口，通风道内的空气穿过炉箅进入燃烧层，使灶内的燃料得到充分燃烧。所以说，炉箅选用的大小，通风效果的好坏，会直接影响到燃烧效果。因此，合理设计炉箅的尺寸是非常重要的。根据经验和实践确定锅的面积与炉箅面积比为1∶6（大锅）～1∶8（小锅）。炉箅的空隙总面积与炉箅的炉条总面积之比应按所烧燃料确定，烧稻草的大灶炉箅的有效通风面积为75%，烧玉米秸、高粱秸的大灶炉箅的有效通风面积为50%，烧用枝柴和使用鼓风机烧碎草、碎煤的大灶炉箅的有效通风面积为25%～30%。也就是说：煤用稻草的大灶，可选用缝宽为12～18毫米的炉箅，要求炉箅横放，烧用玉米秸、高粱秸的大灶，可选用缝宽为10～12毫米的炉箅；烧用枝柴和使用鼓风机烧碎草末、碎煤的大灶，可选用缝宽为7～9毫米的炉箅即可。

185. 省柴节煤灶灶内炉箅子的放法有哪些，位置怎样确定？

省柴节煤灶灶内炉箅子有两种放法：一是平放法；二是斜放法（里低外高，相差20～50毫米）。

炉箅的位置在安装上要考虑如何合乎流体规律使空气流动阻力小、通风效果好而供给均匀，一般应根据烟囱抽力大小和是否使用鼓风机来考虑安装。安装时，炉箅的中心应对准锅脐，再往大锅灶进烟口相反的方向从锅的中心错开 20～40 毫米，可根据烟囱抽力的大小，远近灵活掌握，最后要使锅内的开锅中心点保持在锅脐位置为好，否则就得重新移动安装的炉箅，直至达到要求的效果。

186. 省柴节煤灶带鼓风机的风斗、风管应如何处理？

省柴节煤灶如使用鼓风机需有风斗和风管，所用的风斗有方形和锥形两种。风斗和风管的结合处，要固定好、密闭严。方形风斗的插板要灵活，插上要严密。

省柴节煤灶在安放方形风斗或锥形风斗时，应以风斗中心为点，往灶喉眼相反的方向与锅脐错开 10～30 毫米，还要根据所用的燃料，掌握好炉箅子与锅脐的距离，这样，才能使火焰扑满锅底，做到省柴节煤，热效率高。

187. 砌筑省柴节煤灶最佳高度应如何确定？

砌筑省柴节煤灶，锅台高度的确定，首先根据锅的大小找出锅的垂直高度，然后再加上锅底距离炉箅平面的高度（即吊火高度）就是最佳的锅台高度。这是测定的锅台高度，但为了炊事方便，实际要砌的锅台高度是指炉箅平面以上的尺寸，再加上炉箅以下到地面的高度；但要求锅台的平面高度不能超过炕面板的底面。

188. 什么是灶内吊火高度？

灶内炉箅的平面到锅脐之间的距离就称为吊火高度。灶内吊火高度是省柴灶的一个重要技术指标，它直接影响着灶内的热性能和用户的使用效果。

189. 省柴节煤灶灶内吊火高度应怎样选择?

日常生活中，人们往往在烧火的同时还要兼做其他事情，然而过低的吊火高度，势必造成使用上的麻烦，因而影响了省柴灶的推广和巩固。所以，选择合适的吊火高度，对省柴灶的巩固和提高有着重要的意义。

旧式灶一个很大的缺点，就是吊火高度过大。尽管使用方便，但柴草浪费很大。如果设计吊火高度过低，填柴次数就必然过勤，用户使用上造成麻烦；如果柴草一次填得过多，又会影响省柴灶的通风助燃，造成燃料燃烧不充分，出现熄火和倒烟现象，使农户认为省柴灶不好烧、不好用，不愿接受，甚至出现“前改后扒”的现象。所以吊火高度的确定既要考虑灶的热效率，又要注意使用方便，才能收到理想的效果。

实践证明：在辽宁地区推广的省柴节煤灶的吊火高度，烧柴草灶为140～200毫米，烧煤灶为100～140毫米，煤柴两用灶为120～160毫米。

190. 省柴节煤灶填柴（煤）口砌筑的最佳尺寸多少为好?

省柴节煤灶填柴(煤)口砌筑的最佳尺寸，宽为160～200毫米，高为130～150毫米；但要求填柴（煤）口必须增设铁灶门。

191. 省柴节煤灶填柴（煤）口在砌筑时都有哪些要求?

省柴节煤灶的填柴（煤）口，其作用主要是添加燃料，也可以观察火势。填柴（煤）口过大会增多冷空气进入，降低灶膛温度，增大散热损失；过小又会使用户填柴草不方便，增多填柴次数而造成热量损失；过高又会出现灶门燎烟。所以在砌筑时要求：①省柴节煤灶的填柴（煤）口必须按照省标准设计的尺寸要求砌筑；②填柴（煤）口的上沿必须低于锅脐 20 毫米以上。

192. 为什么省柴节煤灶要增设铁灶门呢？

因为省柴节煤灶的填柴(煤)口增设铁灶门,可以避免锅灶燎烟,控制从填柴(煤)口进入灶内的冷空气,提高灶内温度,减少从灶门的散热损失,使火苗稳定,火焰抱锅底燃烧。同时,还可使烟囱抽力集中，提高燃烧效果，饭熟后关严铁灶门又起到保温作用。

193. 省柴节煤灶喉眼处增设活动插板有什么好处？

过去锅灶的进炕烟口（灶喉眼处）都没设活动插板，灶内烟气无法控制。灶喉眼烟道留得小了，无风天烟气排不开，出现燎烟、压烟、不爱起火苗；灶喉眼烟道留得大了，大风天炕内抽力大，烟火都抽进炕内，又会造成不爱开锅，延长做饭时间。所以，在灶喉眼处增设活动插板就可按需要来调解烟气流量。当锅灶初点火和没风天时，一般烟量大或排烟缓慢，就可把活动插板全部打开；当灶内火着旺后，烟量小的时候，就可把活动插板插上 1/3；当室外有风，抽力大不易开锅时，就可把活动插板插上 2/3。这样，根据外界风速和灶内火焰情况就可用活动插板随时调解灶喉眼的大小控制烟气流量。同时，还可在睡觉前或熄火后，把灶喉眼的活动插板全部插上，阻止炕内的烟气对流热损失，又起到了保温炕热的作用。

在灶喉眼处增设活动插板，把原来的灶喉眼改变成能收缩的活动式进烟口。可使灶内燃料有效燃烧达到充分利用，又缩短了做饭时间。

194. 为什么灶下通风道要增设活动盖板？

炉箅下的通风道是向灶内燃料燃烧供给氧气的通道。可是当灶内停火后，通风道内的冷空气还会继续从炉箅下进入灶内和炕内，降低灶内和炕内的温度，以致火炕凉得快。因此，通风道要增设盖板或在炉箅下增设通风插板。当灶内烧火时，可根据燃料燃烧情况，掌握通风道上的盖板或炉箅下的插板适当送风，做到初燃少送风，火旺多送风，缓燃慢送风，燃尽不送风。

195. 省柴节煤灶进烟口为什么要求喇叭形？

省柴节煤灶的进炕烟口（灶喉眼）是灶内烟气进入炕内流速最快的地方，为了减小阻力，加快烟气进入炕内的扩散效果和流动速度，根据流体力学原理，将省柴节煤灶的进炕烟口设计成为由灶进炕逐渐增大的扁宽喇叭形。实践证明，收到了排烟快、阻力小的效果。

196. 省柴节煤灶进烟口的最佳砌筑尺寸应是多少？

架空炕要求砌的省柴节煤灶进烟口（灶喉眼）的外口最佳砌筑尺寸，高为80～100毫米，宽为180～200毫米，里口将逐渐增大砌成高为100～130毫米，宽为200～260毫米的喇叭形。

197. 省柴节煤灶进烟口的砌筑要求有哪些？

省柴节煤灶进烟口（灶喉眼）在砌筑时要求：进烟口内壁要

光滑、严密，间墙原来所留出的进烟口不得小于或低于锅灶的进烟口；进烟口处要增设活动插板，用来控制烟气流量。进烟口的上沿过板要求保持在20～30毫米厚。

198. 省柴节煤灶灶膛为什么要求必须套型?

省柴节煤灶的灶膛又称燃烧室。灶膛通过合理设计套型，可以有利于形成最佳的燃烧空间，有利于提高灶膛温度，有利于提高灶内火焰和高温烟气的传热。所以，灶膛要求必须按设计套型。

199. 省柴节煤灶灶膛应该怎样套型?

省柴节煤灶灶膛在套型时应该注意，一是不宜太大，太大了要保证灶膛温度，耗柴率就要增加，否则灶膛温度就不够；如果太小，空间不够，填柴草次数就会增多，影响燃料燃烧放热，加大散热损失。所以，灶膛套型大小的确定，要根据农户日常所烧燃料的品种确定。如烧煤、木材类就小一些；烧稻草、玉米秸、高粱秸就适当大一些。套泥时，在灶内距离喉眼近烟气抽力大的一侧要多套上一层泥，距离喉眼远烟气抽力小的一侧要少套上一层泥。

200. 省柴节煤灶灶膛套泥应怎样配料合成?

省柴节煤灶在砌筑的前一天，首先要将灶膛套型的泥先和好，其材料的配比为：用黏土70%，细炉渣灰15%，煤粉10%，白灰5%，再加上适量的毛发，并用盐水和成。要求和成的泥达到手拿成块、拍时还软的程度。

201. 省柴节煤灶灶膛套泥的要求有哪些？

省柴节煤灶的灶膛套成后，要求必须达到内壁光滑而无裂痕；在锅沿处要留出一定的空间，使灶膛的上口稍收敛，套成缸形才好。

202. 省柴节煤灶灶膛内哪个部位称为拦火墙？

在省柴节煤灶灶膛内，用来调节烟火的泥墙或构件称作灶内拦火墙。可用炉渣泥、耐火土或铸铁翻砂成型等做成中间高（对着灶喉眼中心的）两边逐渐低的月牙形、弧形、马蹄形和圆筒形等样式。

203. 省柴节煤灶灶内拦火墙的作用是什么？

省柴节煤灶灶内拦火墙可使高温烟气和火焰在灶内形成缓流，直接扑向锅底，从而增大锅底的受热面积，延长火焰和高温烟气在灶内的停留时间，提高灶内温度，使燃料中的炭和烟气中的可燃气体能够得以充分燃烧，达到开锅快、省燃料、提高热效率的目的。

204. 省柴节煤灶灶内拦火墙的砌筑有哪些要求，尺寸如何？

省柴节煤灶灶内的拦火墙砌筑的要求：在灶内正对着灶喉眼中心的位置，距灶喉眼 50～80 毫米处砌成弧形拦火墙，弧形拦火墙中间最高点距锅壁的距离为 15～20 毫米，两侧要逐渐增大，使大量的高温烟火扑向锅底以后，再从两侧的空间进入炕内。拦火墙最好是采用耐火材料做成为最佳。

205. 怎样才能镶好灶台面瓷砖?

随着人民生活水平的提高，多数群众锅台面要求镶瓷砖。但要注意：锅台面如镶瓷砖要事先按瓷砖的大小量好尺寸，并计算好锅台面的长、宽；否则，锅台面瓷砖镶好后会出现窄条现象。

在做锅台面底和水泥砂浆麻面时，要注意在保证水平的基础上，要求锅沿下边稍高，锅台里侧稍高，使之锅台面瓷砖镶好后不能出现存水和低洼现象。

206. 省柴节煤灶灶台面镶瓷砖应注意哪些问题?

灶面镶瓷砖应注意瓷砖的缝隙对齐，表面平整，瓷砖要浸泡，底部水泥素灰要饱满。

锅台面瓷砖镶好后。要求 7 天以内要少烧火或不烧火，以保证瓷砖与水泥养生期，使其牢固。

207. 省柴节煤灶为什么会出现“燎烟”现象?

省柴节煤灶出现燎烟的原因：

（1）省柴节煤灶填柴（煤）口过高。

（2）省柴节煤灶进炕烟口过小。

（3）火炕堵塞或烟囱排烟不畅通。

（4）灶膛处理不当或积灰过多，空隙过小造成。

解决方法：

（1）省柴节煤灶的填柴（煤）口要求是偏宽式，上沿高度应低于锅脐 20 毫米以上。

（2）省柴节煤灶的进炕烟口要求尺寸不得小于 100 毫米×

200 毫米（高×宽）的截面，进烟口的进炕部位两侧要有斜度，呈现喇叭形，上沿进炕要有高度或坡度。

（3）如果是因长时间没扒炕或烟囱堵塞而造成的燎烟，要立即维修，排除故障。

（4）省柴节煤灶的灶膛套型，要根据用户常用的燃料产生烟气和灰烬的多少考虑，烧稻草、玉米秸、高粱秸的灶膛就应套得大一些；烧枝柴、烧煤的灶膛就可套得小一些。

208. 省柴节煤灶为什么会出现“倒烟”现象？

在无风天时，炉灶往外冒烟很厉害，烟囱却一点也不冒烟；尤其是夏天、伏天，有时是“黄烟满地爬”，这种现象就叫做倒烟。

省柴节煤灶出现倒烟的原因：

（1）火炕的炕内结构复杂，有堵塞的地方；炕梢过湿，排烟不畅；烟囱潮湿、有潮气，冬季结冰、上霜、挂水；烟囱过细或局部过细，烟囱堵塞而不畅通等。

（2）炕内温度低，伏天气压低，间断烧火造成。

解决方法：

（1）旧式炕灶的搭法结构复杂，要进行改造，取消炕内落灰膛、闷灶子、“狗窝”，排除炕内多余的砖头，采用新式架空炕连灶的砌筑结构。

（2）如果是由炕内、炕梢、烟囱内潮湿、上霜、间断烧火造成的炕内温度低；夏季无风、伏天气压低等原因造成的锅灶倒烟，可在烟囱根部采用火烧法给烟囱加热提高温度，待烟囱内干燥后，炉灶即可好烧。

209. 省柴节煤灶为什么会出现“争嘴”现象？

火炕的炉灶当具备两个或两个以上的时候，当点着其中一个炉灶时，就会出现忽出忽进的冒烟或抽力小的现象，如果把不点火的炉灶喉眼堵严，就不冒烟，抽力也就大了。这种冒烟现象就叫做争嘴冒烟。

争嘴冒烟的原因：有两个炉灶喉眼以上的火炕，有时只点着一个炉灶，点火的炉灶喉眼进入炕内的是高温气体，没点火的炉灶喉眼进入炕内的是低温气体。两股气体同时进入炕内，“热轻冷重”，温度较高的热烟气在上层，温度低的冷气流在下层，两股气流在炕头交换就产生涡流，使炉灶就出现忽出忽进的冒烟现象。由于多喉眼火炕不严密，抽力分散而不集中，所以，点火的炉灶抽力也就必然小。

解决方法：

（1）要把不点火的炉灶喉眼、焖灶口用物堵严或用插板插严，长时间不用的炉灶或焖灶要及时用灰浆抹严。

（2）可在炕头内两个炉灶喉眼的中间用砖或坯砌一道300～400毫米的立砖墙体隔开，避免两个炉灶喉眼进入的冷热气流在炕头交换，就可排除因“争嘴”产生的冒烟现象。

210. 省柴节煤灶为什么会出现“犯风”现象？

在有风天时，锅灶边着火有时突然往回冒一阵烟，一会儿就好，又反复地出现冒烟，这种现象就叫“犯风”冒烟。

省柴节煤灶出现“犯风”冒烟的原因：

（1）锅灶、火炕、烟囱密闭不严，有透风之处。

（2）烟囱过矮，以及位置处于风向混乱的地方。

（3）受地形、建筑物、树木的影响而造成。

解决方法：

（1）把炉灶、火炕、烟囱的透风之处抹严密，防止透风，还能增加炉灶的抽力。

（2）烟囱过矮的要加高，使烟囱出口高于房脊0.5米以上。

（3）如果烟囱处于风向混乱的地方，又因地形、建筑物、树木的影响造成的“犯风”冒烟，可做一个随风转的烟囱嘴或工、丁字形的烟囱帽即可解决。

211. 省柴节煤灶为什么会出现“打呛”现象？

当炉、锅灶出现爆发式的响声，随之从炉盖或灶门里喷出来大量的烟灰及火舌来，炕面上下鼓动、崩裂，炕面砖有时立起，这种现象就叫炉灶打呛。

省柴节煤灶出现打呛的原因：

（1）炉、锅灶烧了油类及燃烧比较快的物体，使火爆发性燃烧而造成打呛。

（2）炉、锅灶里放的燃料过多，使火一时难以燃烧。

（3）使用鼓风机吹得过猛，在同时间产生的烟量不能从灶喉眼排出。

（4）闷炉时产生的一氧化碳存在炉内、炕洞内，有时遇到明火产生突然燃烧造成打呛。

（5）火炕堵塞或炕内潮湿，使烟气流动受到阻力，再加上使用鼓风机，就会造成烟气流动上的矛盾出现打呛。

（6）火炕、烟囱砌筑不合理，障碍多，阻力大，造成打呛。

解决方法：

（1）在烧煤、柴草及其他燃料时，都要做到少填勤填，不要过多。

（2）使用鼓风机时，要做到先慢后快，根据燃料燃烧情况适当送风。

（3）如果发现火炕有堵塞现象，应立即修理，排除故障。

（4）习惯闷炉的家庭在用火时，要求先敞开炉盖轻透炉底，让炉火逐渐燃烧。

（5）如果是烟囱在砌筑结构上不合理，造成打呛，由于这是主体房屋结构出现的问题又无法排除这个毛病，可在炕梢的炕墙上打开一个120毫米直径的孔，外侧贴上一张厚纸密封，可称为火炕的保险阀。

212. 省柴节煤灶为什么会出现“截柴”现象？

省柴节煤灶出现截柴的原因：

（1）烧火时填柴草过多、过勤，使柴草不能有充足的空间燃烧。

（2）平地搭的省柴节煤灶，灶下通风效果不好，缺氧。

（3）炕内堵塞，炕梢低于炕头。

（4）烟囱内或烟囱底部出烟口过小或堵塞；烟囱内潮湿；烟囱细而且炉灶多，满足不了排烟需要。

解决方法：

（1）烧火时填的柴草不能过多，要少填匀填，等柴草燃尽后再填二次柴草，使灶内的燃料能有充分燃烧的时间和空间。

（2）平地搭的大锅灶要进行改造，增设炉箅和通风道，使之达到通风合理，燃料才能燃烧充分。

（3）炕内如堵塞，炕梢低于炕头的火炕，要立即进行修理或重搭，排除炕内障碍，炕梢要求高于炕头20～40毫米。

（4）烟囱堵塞要进行修理；烟囱潮湿、挂霜，要在烟囱根部加热烧火，使之干燥；烟囱过细，多炉灶烧火，要做到不能同时点火，不点火的炉灶要用物将喉眼堵严。

213. 新砌的省柴节煤灶试烧时为什么会倒烟？

（1）因为灶膛内温度低，湿度大，潮气多。

（2）通风道或使用鼓风机送风量过大。

（3）火炕结构不合理，排烟不畅，密闭不严，空间过大以及炕内冷空气的影响。

（4）烟囱堵塞或局部过细、过小，烟囱密闭不严、太矮或抽力小，烟囱内湿度大，潮气多以及外界无风、气压低。

解决方法：

（1）新砌的省柴节煤灶在点火试烧时，要选用干燥的柴草，适当地控制通风道的风板和鼓风机的风筒，根据燃烧需要合理通风。

（2）旧式火炕要进行改造，缩小炕内支柱砖分烟时的阻力，提高炕内排烟速度。

（3）可以加高烟囱，烟囱根处、出口、吊顶上局部有漏气或孔洞要封严，提高烟囱抽力；要把火炕抹严密，增加保温措施。

（4）遇到无风、气压低、省柴节煤灶间断烧火的情况，在点火试烧时，可先在烟囱底部用引火柴烧几分钟，驱逐湿气，提高烟囱温度，省柴节煤灶就好烧而有抽力。

214. 新砌的省柴节煤灶虽然好烧但不爱开锅是什么原因？

新砌的省柴节煤灶虽然好烧，但不爱开锅的原因是因为此灶的拦火墙和吊火高度没处理好，也就是拦火墙对着进烟口中心的位置留的缝隙过大，吊火高度太高造成。

解决方法：重新修理拦火墙，使拦火墙对着进烟口中心的最高点距离锅壁为 10～20 毫米，要求拦火墙的两侧可逐渐加大间距；调整炉箅子与锅底之间的距离，如烧柴草、秸秆等可保持在 180～200 毫米；烧煤、碎草，可保持在 140～160 毫米的吊火高度。但要求烟道喉眼处增设活动插板，可控制因外界风大而造成的抽力过大的现象。

215. 省柴节煤灶有时一面开锅一面不开锅是什么原因?

省柴节煤灶有时一面开锅一面不开锅的原因是因为灶内燃料燃烧的中心点位置处理不合适，与锅脐距离尺寸控制不好，或灶膛左右套的泥高低距离处理不当，而造成锅子一面凉一面热的现象。

解决方法：省柴节煤灶灶内的炉箅子在安放时，应放在大锅的中心，以灶的进烟口为基点，往进烟口相反的方向错开锅脐30～50毫米。

灶膛套得不均匀或不规格的地方要加以修补。通常在出火过大的地方（锅子热的一面）多抹上一层泥；出火小的地方（锅子冷的一面）少抹或削去一层泥。进烟口下部不要过敞，以免烟火跑得过急，对着进烟口的灶内拦火墙，中间要高一些，两侧稍大一些，让烟火扑锅以后，再从两侧的顺烟沟里进入炕内。

216. 新砌的省柴节煤灶开锅不在中心位置，其毛病在哪儿?

由于灶内炉箅位置不正，有鼓风机的省柴节煤灶，从炉箅向上喷出的风口过偏，填柴的位置不正都会出现这种情况。

解决方法：可根据烟囱的抽力大小，将灶内炉箅子向进烟口相反的方向错开锅脐30～50毫米，使火焰随着抽力的作用正好把锅底抱满。如果是使用鼓风机的大灶，从炉箅向上喷出的风口过偏，要调节风斗或风管，使炉箅的通风均匀；烧火时要勤观察，掌握好填柴的火候和填柴的位置，柴草填早、填偏都会影响燃烧效果。

217. 省柴节煤灶灶内热量是怎样传递的？

热能传递是一个复杂的过程，基本上可分导热、对流和辐射三种形式。

根据上述热能传递的三种方式，我们可以分析一下省柴节煤灶内热量的传递过程：省柴节煤灶内的热源是燃烧着的柴草或煤炭产生的烈焰，烈焰在灶膛中以辐射热传给锅壁的同时，高温烟气的对流作用也将热量传给锅壁。锅的外壁受热后以导热方式把热量传至内壁，锅的内壁又以对流换热和导热方式把热量传至加热食物。所以，锅灶生火做饭是各种传热方式共同作用的结果。加热食物接受到的热量总和，就是有效热量。与此同时，灶体同样把热量从内向外逐步传递到整个灶体，灶体又把热传递到外部空间，形成热损失。

从省柴节煤灶对热量的传递看，要提高燃料所含热量的有效利用率，除应保证燃料燃烧完全，把蕴藏的热能最大限度地释放出来外，必须让携带热量的高温烟气在灶膛中多停留一些时间，让锅的外壁多接受辐射和对流传递来的热量；同时，要采用导热系数小的材料做灶内套泥和灶体内的保温材料，减少灶体的散热损失。这是省柴节煤灶设计的关键。

218. 省柴节煤灶灶内燃料燃烧与需空气量大小如何确定？

省柴节煤灶灶内燃料在燃烧的过程中，每个阶段所需要的空气量是不同的。如果燃料燃烧时送入的空气量不适当，就会影响燃烧效果，降低热效率。掌握燃料燃烧过程中不同阶段的送风量，是提高热效率的关键。

第一阶段，是燃料的预热和干燥阶段，灶膛内不需送空气，而要让燃料吸热加温和蒸发水分。

第二阶段，是着火放出挥发成分并形成木炭阶段，灶膛内要送入少量空气，使燃料着火。着火点的温度比较低，一般在250℃左右。

第三阶段，是可燃气体与木炭强烈燃烧阶段，在灶膛内要有足够的空气，还要适当延长燃烧过程。一方面使燃料迅速爆燃，另一方面使燃料提高热能利用率；此时将需要大量的氧气，经过燃烧，放出大量的热量，炭起主要作用，并产生二氧化碳。如果这时氧气供应不足，就会变成一氧化碳跑掉了，而炭又没能烧尽，热量也就损失了。因此，要使燃料燃烧得好，一是要供给充分的空气；二是要混合好，成为 $C+O_2 \rightarrow CO_2$。

第四阶段，是燃烧后形成灰烬阶段，燃料的这段燃烧时间较短，可以少给空气。送入空气如果过多，就会缩短灭火时间，降低灶膛内温度，影响保温效果。

219. 省柴节煤灶使用鼓风机有什么好处？

省柴节煤灶使用鼓风机，可以节省燃料，缩短做饭时间，提高燃烧效果；还可以利用鼓风机，做成双烟道，推动烟囱内的烟气加快流动，起到民用简易引风机的作用，使炉灶无论在什么条件下，都能保持好烧。

220. 省柴节煤灶与炉子在一侧时，怎样才能达到烧哪一个炉或灶都能满炕热？

省柴节煤灶与炉子在一侧时，由于间墙留的灶喉眼和炉喉眼是上边一个、下边一个，不利于炕内分烟。因此，烧上边的炉子炕上热，烧下边的大锅灶炕下热，火炕会偏热。

为了烧一个炉灶就能达到满炕热，可采用人字炉眼处理。也就是炕外边两个炉灶喉眼，炕内一个炉灶喉眼。这样，炕内烟气集中，热量集中，便于分烟。在人字炉眼和炕内分烟砖的调节之下，烧哪一个炉或灶，都能达到火炕的上下洞全热的目的。

221. 省柴节煤灶日常所烧的燃料都有哪些方面的热损失？

柴草燃烧所放出的热量我们仅利用了一部分，大部分都散失掉了。老式锅灶有效利用的热量一般都在10%左右，省柴节煤灶也只有30%左右。锅灶的有效利用热量和输入燃料的发热量的比值称为热效率，以百分数表示，把未被利用的热量叫做热损失。热量损失的方面是很多的，主要是以下几个方面：

（1）柴草不完全燃烧。送进灶膛的柴草因空气不足或填柴太多，都会造成燃烧不良，使热量释放不出来。

（2）排烟带走的损失。烟气有一定的温度，烟气温度高于灶外空气的温度，排烟就要带走热量，灶膛内过剩空气越多，烟气在灶膛内停留时间就越短，排烟的容积就越大，带走的热量就越多。

（3）灶体吸收的热量。灶体面积大，灶壁薄，保温材料差，吸收的热量就大，并散失到空气中去。

（4）灰渣带走的热量。柴草燃烧以后，变成灰渣，灰渣越多，带走的热量越多。

农村的老式灶的灶门、烟囱等与工业锅炉相比较，是一种开放性的锅灶，造成热量的大量损失。所以，锅灶热效率较低。要提高锅灶热效率，一定要改革灶体的结构，包括烟囱与灶膛的比例，烟囱和灶门的大小，安置炉排的位置，增设灶门及保温材料的使用等等。

222. 怎样观察烧柴灶的毛病？

一看锅台高于炕，灶门烟就往外呛；

二看锅台无灶门，烧火费柴又费煤；
三看锅台灶膛大，燃料燃烧火力差；
四看锅脐吊火高，柴草就得成堆烧；
五看灶下无通风，柴煤燃烧就夹生。

223. 炕炉有几种砌法？

民用节能炕炉包括单孔炉、双孔炉，以及倒燃、反燃式等多种。一般的炕炉有两种砌法：

（1）平砖砌法。

（2）立砖砌法。立砖砌法又分单立砖和双立砖砌法。双立砖砌法的中间要留出30～40毫米的空隙，里面要放进干细炉渣等保温材料，这样可以减少炉体的热量损失。

224. 炕炉的通风道多大尺寸才合适？

炕炉的通风道，也叫落灰坑。新式节煤炉在炉箅下有适当的通风道，是决定燃料燃烧好与差的关键因素。有的家庭，通风道又小又浅，炉渣多了，又不及时清掉，所以造成炉箅下堵塞。由于通风不畅，炉内燃料就上火慢，火焰低，燃烧不好，造成浪费，又延长了做饭时间。新式节煤炉的通风道尺寸要求：长700毫米，宽200毫米（为清灰方便也可根据自家锹的大小确定通风道的宽度），深300毫米以上就可以了，炉箅下要能够保持150毫米的空间才好。

225. 烧煤的炕炉炉箅子应怎样选用？

炉箅子的大小、缝隙的宽窄决定了通风量，通风量大与小又影响到燃烧效果。不同的燃料需要的空气量也不一样，不同的燃料又产生了不同的灰烬。所以，炉箅子的选用和缝间的大小就要根据燃料的不同而定。

（1）烧煤矸石需用的炉箅缝宽为15～20毫米。

（2）烧块煤、煤球、煤坯需用的炉箅缝宽为10毫米左右。

（3）烧碎煤需用的炉箅缝宽为7～9毫米（因在烧碎煤时一般多是用鼓风机）。烧碎煤时，要求炉箅子的通风面积要稍大一些，煤层要填得薄一些，燃烧效果才好。

226. 怎样安放炉箅子？

炉箅子放法有两种：

（1）平放法。

（2）斜放法。里低外高（指落灰坑），相差20～50毫米。

227. 炉箅下空气预热室有什么作用？

在搭炉灶时，可用砖在炉灶的炉箅下，砌出一个二层砖（120毫米）高的二次通风道为预热室，与落灰坑同向的外侧留出一个120毫米×120毫米的通风口。预热室内径长240毫米，宽240毫米，中间留出一个直径60毫米的孔，可用泥球或砖球堵上，当预热室灰渣多时可用来漏灰。

当冷空气进入预热室后，受到炉箅下温度的预热，使冷空气温度升高再进入炉膛内与燃料调和，可提高炉膛温度和燃烧效果，炉内上火快。同时，用砖控制通风口，可以调节进入炉内的风量，需要炉灶内保温时，可把通风口用一块活块堵上。因此，炉箅下空气预热送热风也是提高热效率的一种好方法。

228. 怎样确定炕炉的高度？

炕炉的高低，对好烧与否也有一定的关系。炉子过高，炉内烟气平行流动进入炕内；炉子低一些，炉内烟气是坡形流动进入炕内的。烟气的平行流动与坡形流动的速度不一样。所以低一些的炕炉烟气流速快，就好烧。因此，炕炉的炉台高度，从平地起不超过5层砖高为好。

229. 怎样确定炉膛深度?

炕炉的炉膛深度可根据燃料和烧煤习惯而定。有的地区习惯于每天一顿饭一点火，这样的家庭，炉膛深度可砌两层砖或3层砖，也就是120～180毫米深。有的家庭每天习惯于烧湿煤和封炉，炉膛深度可砌4层砖或5层砖，也就是240～300毫米深。无论炉膛深还是浅，都要掌握好所填到炉内的燃料，表层与锅底平面保持40～50毫米的距离，这样，使燃料能有一个合适的燃烧空间和高温火焰与锅底的辐射距离，热效率就高。它是提高热效率的关键因素之一。如果刚点火时，炉内燃料表层与锅底表面达不到这个距离，就可先在炉内垫上一些炉渣，扒成漏斗形，这样既起到了升高炉火的作用，又使炉下保温，减少了热损失。

过去旧式炉灶由于这个距离掌握不好，不是高就是低。旧的烧火方法，一般都填煤过多，有的都与炉口相平，煤燃烧时，不能形成辐射热；或煤填得过少，只达到炉芯的半腰或在半腰以下，以致高温火焰难以达到锅底，造成了热效率低，做饭时间长，费燃料。

230. 套炉膛有什么要求?

一个新砌的炉灶，如果炉膛套好了，可以创造炉膛里壁热反射的条件，减少热损失，提高燃烧效果。如果炉膛没套好，有裂痕或粗糙，就会增大炉膛里壁的吸热，造成热损失，降低炉温，影响燃烧。因此在套炉膛时要求：

（1）应该采用导热系数小的材料。

（2）套炉膛时要用干一些的泥，避免炉膛内壁出裂痕和麻面。

（3）炉膛内壁要压实、抹光。

231. 选用什么材料套炉膛最好？

炉膛也叫炉芯或燃烧室。套炉膛与制作成型的炉芯都要采用导热率低的保温材料才好。炉膛作为燃烧室，燃料能否充分燃烧，决定了炉膛温度的高与低，以及炉膛壁的热反射效果和保温效果。人们往往在耐用上着眼多，喜欢用耐火材料，甚至拌铁粉制作，这是得不偿失的。耐火材料的导热系数比一般砂、砖要大，传热较快，保温作用较差，铁粉传热更快，更不要使用。一般民用炉灶的炉膛温度只有1 000℃左右，无需采用昂贵的耐火材料。如煤渣、硅藻土、砻糠灰、白泥、铸石下脚料等。这些东西方便易找，价钱便宜，而且保温、耐用。

232. 炉膛套型大小怎样选择？

炉膛套型的大小要根据不同地区、不同家庭所烧用燃料的差异与人口的多少来确定。如烧用煤矸石、多孔坯、煤坯，使用鼓风机、习惯于封炉的炕炉炉膛套型就可大一些，深一些；烧用煤块、蜂窝煤、一顿饭一点炉的炕炉炉膛套型就可小一些，浅一些。人口多的家庭，烧用的燃料多，炉膛套型就大一些；人口少的家庭，烧用燃料少，炉膛套型就小一些。无论炉膛套型是大还是小，炉膛内壁都要光滑、无裂痕。

233. 为什么炉子和大锅灶都要增设保温层？

在搭炉子和大锅灶时，要采用双立砖砌法，炉灶的里外砌体都用立砖，中间留出 30～40 毫米的空隙，里面装进干细炉渣，就形成了炉灶保温层。

实践证明，装上保温层的炉灶，砌体外面散热就比不装保温层的炉灶散热慢。有保温层的炉灶热量损失小，没有保温层的炉灶热量损失就大。有保温层的炉灶，炉灶内温度高，燃烧得好；而没有保温层的炉灶，炉灶内温度相对就低，燃烧得差。看来两种砌炉灶方法，所得的效果也不一样。

为了节省燃料，使燃料能充分燃烧和利用，要提倡多搭这样带保温层的炉灶。

234. 炉灶砌体墙内保温层的厚度怎样确定？

炉灶有保温层与无保温层，保温层的厚与薄以及保温填料的选用，对炉灶热损失大与小、燃烧效果好与差、炉灶是否好用，有着直接关系。实践测试表明：保温层填料的厚度由 30 毫米增加到 60 毫米，炉灶外壁的温度就降低 15℃左右。没有保温层的炉灶和有保温层的炉灶比较，以每0.5千克煤球计算，前者要比后者少烧 2 千克开水。至于具体厚度可以因炉的用途和要求而定。

235. 怎样选用保温材料？

保温材料要因地制宜，就地取材，可利用废旧材料。如干细炉渣、糠壳灰、草木灰、膨胀珍珠岩、硅藻土等，都是较好的保温材料。日常烧后的细炉灰，导热系数小、绝热性好，是最省事又不花钱的保温材料，可以尽量多加利用。

236. 保温材料有几种使用方法？

在保温材料的使用中，经过试验证明：用糠壳灰掺 15％耐火泥，加适量水发2～3天作保温材料，烧用后就形成泡沫式保温层，能防止填料下沉，炉灶外壁温度由70℃下降到50℃。用膨胀珍珠岩70%、云母下脚料30%，保温和防止萎缩的性能都比较理想。如果炉灶采用双层保温，在双层保温层的中间留出20毫米的缝隙，间有导热系数极低的空气间隔，保温作用尤为突出。

237. 炉盘有几种放法？

炉盘的放法有两种：

(1) 平放法。

(2) 斜放法：里高（炉眼处）外低，相差10～15毫米。

238. 炕炉的炉喉眼尺寸与大小怎样确定？

炕炉的炉喉眼尺寸与大小，要根据不同地区所烧用的燃料情况，以及当地的外界风速大小和风多风少的具体情况来确定。

例如：烧无烟煤、蜂窝煤、风速大、有风期长的地区，炉喉眼的尺寸就可留小一些，60毫米×60毫米左右即可；烧烟煤、木柴、带用土暖气、使用鼓风机、风速小、无风期长的地区，炕炉喉眼的尺寸就可留大一些，可在100毫米×100毫米左右。

239. 处理炕炉的喉眼烟道有什么要求？

炕炉的喉眼烟道是炉内烟气必经的通道，如果搭炉时处理粗糙和不严密，就会增加烟气流动阻力，影响排烟速度，使炕炉抽力小，还会出现小燎烟的现象。

因此，炕炉的喉眼烟道在处理时要求：

（1）炕炉喉眼的四壁都要套严密，不能有坑、缝、眼及硬角，要求光滑、无裂痕。

（2）要采用导热系数小的耐火材料，如细炉渣、砻糠灰等，经过筛后与黏泥调和，套时越光滑越好，烧干后要无裂痕。

（3）炉喉眼要套成小喇叭式才好；也就是烟气进炕时走抬头，要有坡度，往两侧也要有斜度，要求里外口直径相差10～30毫米。

240. 间墙留的炉灶喉眼多大多高合适？

当砌间墙留炉灶眼时要考虑所砌炉灶的高度。一般要求炉灶眼的上边高度必须高于炉盘和大锅灶的上表面为合适，使炉灶内烟气流动有坡度。间墙留的炉灶眼尺寸不能小于炉灶所留的炉灶眼尺寸。

241. 怎样制作与使用炉灶喉眼烟道插板？

过去一般炉灶烟气出口处都没有插板，炉子和大锅灶的烟气无法控制。因此，炉灶烟道口留得小了，没风时抽力小，烟气就排不出去，出现燎烟、压烟和不爱起火；炉灶烟道口留大了，在有风时，炕内抽力大，烟火又都抽进炕内去了，出现了不爱开锅、做饭慢等现象。

为了解决这个问题，研究制作了用三片铁板或翻砂成型的120毫米×120毫米的炉眼插板和120毫米×150毫米的大锅灶眼插板来调节炉灶的烟气流动。在初点火和没风时，一般烟量大和排烟缓慢，可把三片铁板全拿掉，等起火后烟量小的时候可插上一片。如果室外有风，抽力大不爱开锅时，可把插板插上两片。这样，可以按照炉火情况用插板随时调节出烟口的大小。同时，还可在晚上睡觉或熄火时，就把炉灶进烟口的插板全部插上，以减少炕内空气流通，又起到了保温炕热的作用。

炉灶烟道插板的应用，把过去炉灶的固定炉灶喉眼烟道，改变成了能收缩大小的活炉灶进烟口，既解决了炉灶内燃料燃烧时的有效利用，又缩短了日常做饭的时间，还节省了煤和柴。如图4、图5所示。

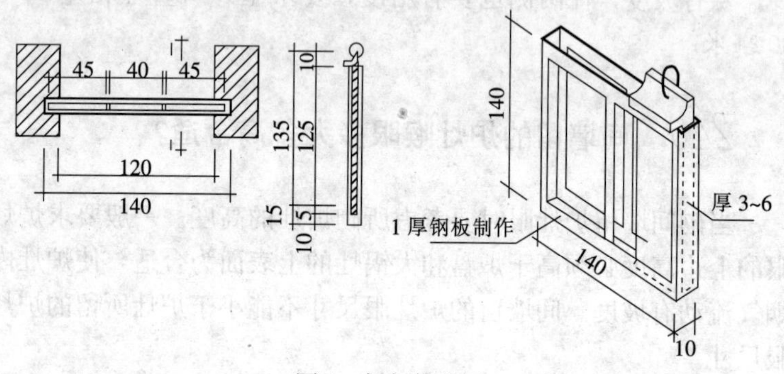

图4 插板构造图

（单位：毫米）

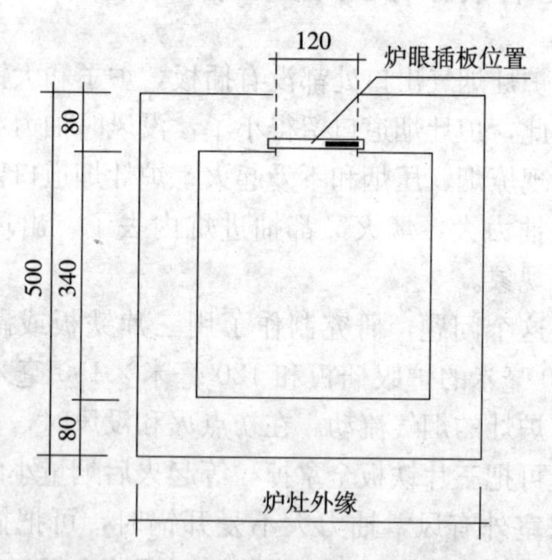

图5 炉眼插板位置处理示意图

（单位：毫米）

242. 炉灶喉眼插板与烟囱插板对炕热好烧起什么作用?

炉眼插板与烟囱插板可控制炉火，使燃料所产生的热能有效利用，又解决中断了火炕与室外的对流，减少了炕内的热量损失，起到了热炕保温的作用，同时也可节省燃料。

过去一般炉灶的喉眼及烟囱无插板，因此火炕凉得快、不保温。由于炕内的温度下降得快，炕内烟气中的水汽在炕梢或烟囱处，随着温度的下降而结成了霜或有结冰的现象。当炕内温度完全低于室内温度时，就把散热变成吸热，使室温下降。炕内温度低、炕梢烟囱挂霜结冰，次日点火就冒烟，不爱起火或闷炭。

炉灶与烟囱增设插板，每日在炉灶熄火后，就可把炉灶与烟囱的插板插严，中断炕内与外界的对流，可让炕内的热量逐渐散到室内。有了二道插板，炕内和烟囱底部保持了一定的温度，次日点火时，进烟快，炉灶好烧；又因炕内已有余热，火炕热得快，又能很快提高室内温度。

243. 怎样确定除尘插板的安放位置?

为了解决透炉、清灰时排出烟尘，减少室内空气污染，使室内卫生清洁，可在炉灶上采用除尘插板。除尘插板分为侧面抽式、顶面插式、暗管内轴式等。

在炉灶上安装分为三个部分：①炉脖处；②对着落灰坑的炉外墙处；③炉旁处。无论是什么结构的除尘插板和安装在什么位置上，都要求在不使用时密闭好，以免透风而影响燃烧效果。

244. 搭“串炉”有什么好处？

在炕炉的搭法中，为了节省燃料，充分利用烟气余热，解决闷饭、热菜、热水的问题，很多住户都愿搭串炉（双炉）。

串炉分为两种搭法：

（1）顺式串炉。如图6所示。

（2）横式串炉。如图7所示。

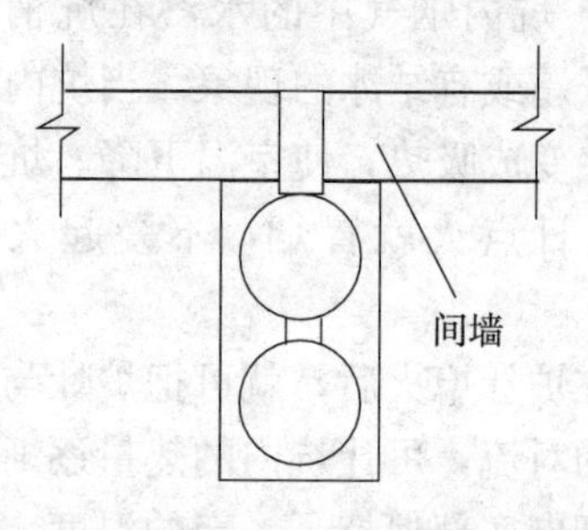

图6 顺式串炉平面图

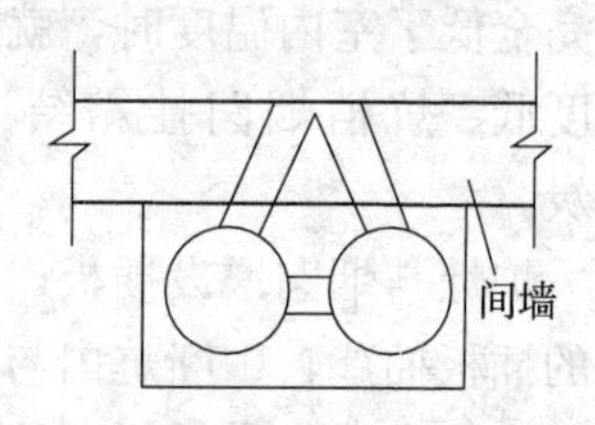

图7 横式串炉平面图

无论是顺式串炉还是横式串炉，都要增设炉箅，套炉膛。日常可同时点着两个炉子，也可点着一个炉子，把另一个炉子的炉膛内垫上一半炉渣，拍平拍实，使烟气通过这个炉子的炉膛进入火炕。这样的炉灶利用了烟气的余热解决闷饭、热菜和温水的问题，既缩短了做饭时间，又节省了燃料。

这样搭的串炉，如果在急用火时，可把两个炉子都点着，同时做饭做菜。如果需要单烧炕时，可点着里边的炉子，让烟火直接进炕内。

245. 带土暖气的炉灶喉眼尺寸有什么要求？

带土暖气的炉灶，由于土暖气锅炉在炉灶喉眼处占据了一定的空间，因此，炉灶喉眼就应大些。喉眼尺寸可把锅炉占去的空间位置减去，所剩的空间能达到 120 毫米×100 毫米（宽×高）的孔就可以了。

但应注意炉灶内的锅炉处理：

（1）要高于炉盘。

（2）要处理在炉灶喉眼的中间处。不能在炉盘下进入喉眼有直接挡烟的地方，以免烟囱抽力小，造成往外冒烟，并要求炉灶喉眼两侧要严格密闭，否则会影响燃烧效果，降低土暖气的热度。

246. 带土暖气的炉灶为什么上火慢?

炉膛内装上土暖气锅炉后，因锅炉紧贴炉膛内壁，炉体预热时间较长，又因锅炉内是冷水，受热后才能循环，又要不断地吸收热量，炉膛温度低升温慢；同时，土暖气锅炉多是采用盘管式和水套式，安装在炉膛内和炉喉眼处，特别是有些家庭为了让锅炉受热好，在炉喉眼处制造了一些障碍，又把炉喉眼留得很小，影响了排烟，增大了烟气流动的阻力。有的为了省煤，又把炉膛套得很小，由于加入炉内的燃料少，在初点火时，被冷炉体和土暖气锅炉的大量吸热，就产生上火慢、不爱起火、有闷炭等现象。

要想解决这个问题：一要增加炉体保温层，减少蓄热和散热损失；二要增大炉灶喉眼的尺寸，满足炉内烟气流量，加大炉箅下的通风量，使燃料得到足够的氧气，才能燃烧充分，上火快、好烧。

247. 土暖气水箱起什么作用?

土暖气的水箱也叫做膨胀水箱。它可以容纳回路系统中因受热而膨胀的水，水冷却体积缩小时，还可以流回系统，保证回路在任何时候充满水，促使循环通畅。

水箱还应有一种作用，安装者常常忽略，这就是水箱应当随时可以排出管路中原有的气体和因加热由水中分离出来的气体。

大多数的安装者却喜欢把水箱管安装在回水管上，其结果是水受热后，管中的气体往上跑，集中于管段的最高处，必须在该处设排气阀。但在使用时，又不能总去开排气阀放气。因为管中气体受热急剧膨胀，压力很大，会使水从水箱里蹿出来。这就是水箱放在回水管上的弊病。如果把水箱安装在上水管上，就可使气体顺利地跑出来。当然，对于水箱放在取暖室外的，由于热的传导，它会损失一部分热量，降低供暖作用。所以，水箱安装也应适当地放在取暖室内。

水箱放在上水管是否阻碍循环呢？好些人认为，土暖气水循环的动力是由于水箱中水的压力产生的，所以把水箱安在回水管上，且尽量把水箱安放得高一点，认为水箱放在上水管会压迫热水上升，显然这是不对的。土暖气水循环的动力是由水的温差大小和锅炉与散热器的垂直距离差所决定的，即温差越大、散热器越高（或锅炉越低），其循环越快。水箱无论安在上水管还是安在回水管上，对系统的正压力都变成与流向相同和相反的两个大小相等的力而相互抵消。因此水箱的位置并不会影响循环，放在上水管上也不会阻碍热水上升。

248. 煤的湿度大小与燃烧有没有影响？

在日常烧煤时，我们往往把煤掺些水搅拌燃烧，有的人认为通过高温燃烧能把水分解成氢和氧，有助燃烧。这种说法不对。炉膛的温度条件只能把水变成水蒸气带走一部分热量，不能起燃烧作用。另外，煤在燃烧初期也是先把水分蒸发，煤炭本身温度增加，挥发并逸出才能燃烧。水分在炉内蒸发、排出，需要一部分热量，因此它不是助燃或发热的物质，而是降低炉膛温度的因素之一。对炉膛温度上升影响的大小与煤炭的含水量成正比。

我们日常烧煤末要掺一些水。掺水的目的是将煤末黏结在一起，形成颗粒状增加风量，也为防止煤炭从炉条漏下和防止煤炭细末没有充分燃烧就随烟气从烟囱排出。

249. 怎样解决烧湿煤中的臭硫味？

炉灶烧煤有时会出现臭硫味，呛得人喘气都费劲，直接污染了室内空气。这是煤中含硫燃烧时所排出来的有害气体。通过化验得知：无烟煤含硫较多，均大于1.5%；有烟煤含硫较少，约小于1%。为了使含硫较多的燃料排除这种气味，可在加工蜂窝煤、煤球、打煤坯、烧湿煤的过程中，加入适量的白灰，既可作黏合剂，增加煤成型强度，又可在燃烧中降低有害气体成分的含量，提高火焰长度。

煤、白灰、黄土可按6∶1∶1.5或5∶1∶1的比例进行调和，效果较好。

250. 倒卷帘火炕砌双炉眼有什么好处？

当烟囱位置与炉灶位置在一侧面或一个间墙上的时候，就可以搭倒卷帘（回洞）火炕。由于倒卷帘火炕的烟囱位置与炉灶位置都在一个侧面，就可把炉灶砌成两个炉灶喉眼烟道，一个炉眼烟道通往火炕，另一个炉眼烟道可直接通往烟囱，分别用炉眼插板控制。冬季可让烟气直接进入火炕，夏季可让烟气直接进入烟囱。这样，既解决了冬、夏季炉灶好烧问题，又解决了室内冷热调整。

251. 怎样制作和使用家用空调土暖风？

家用空调土暖风的暖风炉是可供做饭、烧炕、取暖的三用炉，是采用在炉膛周围加暖风筒代替草泥套的炉膛。当炉温升高时，加热周围暖风筒内的空气，通过自然循环或机械强制循环把热风送入室内，达到采暖的目的，是家用室内空调采暖的一种好办法。

炉内暖风筒用铸铁或用 2 毫米厚的钢板焊制而成。空气夹层厚为 20～30 毫米，还可根据室内的大小所需要的热风量和燃料用量而定，高可以炉膛为标准，并要在暖风筒的上面留出 100 毫米×100 毫米的进烟口。暖风筒有进出风口，一般进冷风口用 3 厘米（1.2 英寸）钢管，热风口为 2.54 厘米（1 英寸）；冷风进口在下部，热风出口在上部。热风出口的方向与地面垂直，应距地面高为 1.2 米以上为好，然后再通向室内；冷风的进口还可以放在室外或代用鼓风机，可加速热风循环，提高取暖效果。

暖风炉既可做饭，又可利用余热取暖，是一种很受欢迎的空调采暖炉灶。

252. 为什么说只有烟气流向通畅炉灶才好烧？

在烧火中，抽力大的炉灶就好烧，抽力小的炉灶相对就不太好烧。所说的抽力大小，也就是炕内、烟囱内烟气流速的快慢问题。要让烟气流向通畅、速度快，火炕、烟囱必须密闭好，炕内结构合理，才能减少排烟阻力，使烟气流向通畅。

俗话说:“要想灶好烧,烟的流向就得步步高。”也就是说:灶的出烟口(上沿)要比炉门(上沿)高,炕梢炕面要比炕头炕面稍高,炕梢排烟口要比炕头进烟口高，烟囱出口要比屋脊高。这样，如果处理严密，烟道光滑，烟气流向就通畅，炉灶必然就好烧。

253. 炉内二次进风起什么作用及怎样处理?

炉灶在燃烧的时候，有时产生蓝色火苗，即为一氧化碳，说明煤炭燃烧不完全。燃料上层的高温烟火区供氧不足，使大量的可燃气体随烟气而排掉，每千克煤炭只能利用其 1/3，大量的热能被浪费掉，又污染了环境。

因此，采用二次风补足新鲜空气，来帮助一氧化碳充分燃烧，是提高炉灶热效率的一个有效方法。

二次进风一般分为内进风与外进风两种：内进风的风管是紧挨炉箅下部进风，也就是风管砌在炉体里。这种方式能利用炉膛周围的热量，将空气预热，虽安装复杂一些，但效果较好。外进风的风管是直接通过炉体，穿过保温层进风，虽安装容易，但效果稍差。二次进风管的出口设在炉盘下 10 毫米处，进风口管径 10 毫米，炉内出口处减为 8 毫米，共 10 个孔。出风孔的仰角均为 20°～40°。这样的孔眼角度能随燃烧温度的高低自动调节进入的空气量，有利于一氧化碳充分燃烧。

二次进风管应制成上口小下口大的形式，其安装倾斜度不得小于 60°。二次进风量应为炉内煤炭燃烧所需要的空气量的 1/3 左右。

炉灶内的二次进风对高温烟气中的一氧化碳起到了补氧和助燃作用，使之继续燃烧。因此，提高了炉灶的热效率，减少了排烟损失和空气污染。

254. 炉盘上面的保温圈有何作用?

保温圈是在炉盘上面用来围锅的圈，使锅内的热量损失较少的泥式圈或石棉圈。有固定和活动的两种。这样，使锅放到炉盘上以后，只有锅盖在上面露着，并可随时加上保温盖。锅壁与保温圈里壁的距离应保持10～20毫米的间隙，使锅的侧面部分和下面部分都处于保温圈内。

保温圈可减少锅内热量损失，节省燃料，缩短做饭时间，在节约能源方面是一种可行的办法。

255. 什么是小燎烟？

如果炉盖错开或把锅撬开一个小缝就起火，冒出一股烟，盖上炉盖或盖严锅后火苗就起不来或从小炉盖的小眼里出小火苗，这就是小燎烟。

原因是：

（1）炉盘放得不平，里低（炉眼处）外高。

（2）炉眼不严密，两侧透风，炉灶的进烟口上面的挡砖低于炉盘或间墙，炉眼留得低于炉盘。

（3）炕内潮湿。

解决方法：

（1）炉盘放平，最好是里（炉眼处）稍高外稍低些，相差10～15毫米。

（2）把炉喉眼烟道用泥套严。如果炉灶进烟口上面的挡砖低于炉盘的要重修，让它稍高于炉盘；如果间墙留的炉眼小于或低于炉盘或与炉盘一平时，就可打掉一块砖，达到间墙炉喉眼要大于、高于炉灶喉眼。

（3）如果炕内潮湿（一般是新搭的炕）或烟囱内结霜有冰等，就可在烟囱底部用引火物烧上5～10分钟，达到烟囱内部干燥为止。

256. 什么是中燎烟或轻闷炭？

小炉盖拿掉后，边着边燎烟，盖上炉盖后就不着火，里面发黑，有时还能往外冒出少量的烟，就是中燎烟或轻闷炭。

原因是：

（1）炉灶过高，炉眼过小。

（2）炕头处理狭窄，障碍过多，影响烟气的分散流动或有轻堵现象。

（3）炕梢低于炕头或炕梢出烟汇合道不畅通。

（4）烟囱内及炕梢湿度大，烟囱有霜、水珠、冰块等。

解决方法：

（1）炉灶过高的往下落一下，使烟气走抬头路。炉眼过小的要根据燃料的性质适当地增大炉眼。

（2）炕头狭窄的，障碍较多的，要根据具体情况合理分烟，没有必要的砖头都排除掉，增大炕头的空间。

（3）如果是炕梢低于炕头，要重新搭炕，达到炕头低于炕梢30～50毫米，炕梢要留出排烟道。

（4）如果烟囱内有水珠、潮气、霜或冰块，要用引火物烧一下，达到烟囱内干燥为止。烟囱上下处理不严密的，要严格密闭；烟囱内如果有障碍，要马上排除达到烟囱畅通。

257. 什么是大冒烟或重闷炭？

炉盖全盖上后，从炉子及火炕的四处都冒烟，而烟囱却不冒烟，这就是大冒烟，也叫重闷炭。

原因是：

（1）炕内烟灰过多，有堵塞现象。

（2）炕梢汇合烟道及烟囱根处落灰落土堵塞，造成炕梢排烟不畅。

（3）烟囱内堵塞及潮湿、结霜、挂冰、密闭不严有缝隙、孔洞等。

（4）无风天、气压低、间断烧火而使烟气流动缓慢造成冒烟。

解决方法：

（1）如果炉灶冒烟非常厉害，而炕的各处都不冒烟，是炕头堵塞，应该扒开炕头重新处理，扫尽烟灰。

（2）如果炉灶及火炕的各处都冒烟，而烟囱不冒烟，是炕梢烟囱根出烟口及烟囱内堵塞，应该解决炕梢部位，排除障碍，使炕梢汇合烟道、出烟口畅通。

（3）如果是新搭的火炕，也有大冒烟、闷炭、无抽力现象，要检查一下是不是烟囱内部堵塞，否则就是烟囱内潮湿、结霜、挂冰或烟油硬块造成堵塞，以及是处于无风天、气压低、间断烧火等造成的原因。可用拉拽法、杆透法、火烧法（就是在烟囱底部用引火物烧火，排除烟囱内的湿度和烟油块，增大烟囱内的空间和温度）及剖腹法（烟囱内有砖头、瓦块和烟油硬块堵塞无法排除的情况下，应从烟囱的出口向下量出障碍的准确位置，然后在烟囱外部打洞，把里面的障碍物拿出，重新抹好，使烟囱畅通）。

258. 炉灶有时刮南风冒烟、有时刮北风冒烟是什么原因？

炉灶无论是刮南风冒烟，还是刮北风冒烟都是火炕处理得不严和烟囱上下不严密而造成的。个别的情况也有物体、地形的影响而造成。

解决方法：

（1）要把火炕的四面墙抹严密，烟囱要求里面套严，外面上下抹严或灰缝勾严，防止透风。

（2）烟囱的高度要求高于房脊500毫米以上。

（3）如果是物体和地形造成的冒烟，可在烟囱口上安装一个三通或转动型烟囱嘴装置，进行随风向调节，效果很好。

259. 为什么炉子没有抽力？

原因是：

（1）火炕的四面墙及炕面抹得不严，有透风之处。

（2）烟囱低，烟囱不严，抽力小。

（3）多炉灶火炕处理不当。

（4）炕内、烟囱内湿度大（尤其是新搭的火炕）。

解决方法：

（1）在搭炕时，要做到火炕内的四面墙都要抹严，防止透风，炕面最好抹两遍。

（2）烟囱不严密的要抹严，烟囱低的要适当增高，才能提高烟囱的抽力。

260. 为什么炉子低就比炉子高好烧？

炉子低比炉子高好烧，原因是：

（1）炉子低比炉子高的空气压强相对较大。

（2）炉子低，火炕的进烟坡度就大，进烟冲力猛，流动快。如果炉子高，火炕的进烟坡度小或没有坡度，烟气几乎是平行流动，所以流动缓慢，效果不如炉子低好烧。

因此，在搭炉灶时，在条件允许的情况下，可把炉灶搭低一些为好。

261. 为什么炉灶在冬季就比夏季好烧？

冬季室外温度低，炕内温度高，冷热温差大，炕内烟气流速快，炉灶就好烧。夏季，室外温度高，炕内由于烧火量少或间断烧火温度低，又因潮气大，烟气流动缓慢或不流动，炉灶在同一时间内所产生的烟气便不能迅速地从烟囱排出，所以就不好烧。

262. 为什么炉灶在有风天就比无风天好烧?

外界有风时，烟气流速就快。因为空气有随着流动的增快而压强减小的特点，所以有风时，烟囱上口的空气压强变小，而室内炉灶的空气压强比较大，烟气流速也加快，炉灶就好烧。反之，上下压强基本相近，炕内温度又低，冷热温差又小，烟气流速缓慢，炉灶就不好烧。

263. 炕内搭的炉子在一个角上时，怎样处理才能达到满炕热?

在炕内一角搭的炉子，由于炉子占去火炕一定的位置，一般都是500毫米×500毫米，因此，在火炕内就出现了两个炕洞的死角，如处理不好，火炕就不能满炕热。为了解决这种火炕的缺点，可采用双炉眼烟道的结构（在炉体墙对炕的两个侧面留出），分别用插板控制的方法，解决了烟气的流向。同时采用船头形分烟法和斜砖式分烟法相结合，使上下各洞烟气分布适宜。并在这两个炉眼的烟气集中处加上了双层砖面、炕内垫土亦是步步升高的阶梯形垫土法，使烟气紧贴着炕面流动，使炕头、炕梢、炕上、炕下的温度均匀，达到满炕热。

264. 为什么会因为开门或关门造成冒烟?

开门或关门会造成冒烟，原因是：

（1）炉灶、火炕密闭不严。关门时带进的空气给室内空气一种冲力，从那些不严密的缝隙钻入炕内，对炕内烟气流向形成一种反作用，引起冒烟。

（2）在冬季，由于室内密闭得非常严，当突然开门时，室内炉子就会冒出一股烟。这是因为室内空气随门抽出，为了补充开门带出的空气，就从炉内抽出一股烟来。

解决方法：只要在砌筑炕灶时，做到炉灶、火炕、烟囱都抹严密，可防止透风和进风。烟囱较矮的要加高烟囱，提高烟囱抽力；同时，还要采用新式炕灶搭法，改革旧式炕灶内的不合理结构，排除炕内阻力，使烟道畅通，从而增大烟气流量，加快排烟速度。这是解决开门或关门造成冒烟的一种有效办法。

265. 自然界“风”对炉灶有什么影响？

炉灶的好烧与否和自然界的“风”有着直接的关系。

烟囱高低与位置的不同，都会遇到不同情况的“风”的影响。由于“风”的影响，有时使烟囱内的烟气流上升快，有时又使烟气流上升慢，有时还会使烟气流突然停止流动，造成犯风、冒烟。这是什么原因呢？下面我们研究一下“风”在流动中对炉灶影响的几种情况。

（1）平面流动的“风”对烟囱的影响。这种“风”对烟囱有利，可使烟囱内产生较大负压，促进烟气流速快，炉灶就好烧。

（2）由低向上流动的“风”对烟囱的影响。这种“风”对烟囱也有利。使烟囱也可产生负压。但烟气流动不稳定，炉灶内的火焰就出现忽抽快忽抽慢的现象。

（3）由高向下流动的“风”对烟囱的影响。这种“风”对烟囱出烟不利，有时使烟囱产生正压，使炉灶出现倒烟和犯风的现象。

（4）由于地形、建筑物、树木的影响而使风向流动混乱的“风”对烟囱的影响。这种风对烟囱出烟不利，使烟囱有时产生正压，有时产生负压，炉灶就出现一时好烧、一时冒烟的现象。

解决方法：以上四种情况，都是外界“风”对烟囱的影响，使炉灶就产生了不同的结果。为了变不利为有利，合理利用自然能和排除客观对烟囱的影响，我们可以在强风季节，于烟囱出口安上一个工字形、丁字形的三通管或做一个随风转的烟囱嘴，以便控制到最有利的方向，使炉灶好烧，达到节柴省煤的目的。

266. 炉灶中燃料燃烧的条件是什么？

炉灶中的燃烧要充分燃烧，需具备三个条件：

温度：燃料在炉膛内燃烧时，要有较高的温度，在高温下燃料才能充分氧化。

时间：燃料在炉膛内燃烧时，要求时间尽量长一些，使锅能充分利用燃料的有效热能。

空气：燃料在炉膛内燃烧时，必须有足够的空气与燃料均匀调和，才能使燃料得到充分燃烧。

炉灶具备了这三个条件，就能省柴省煤、开锅快、做饭时间短，提高热效率。

267. 炉灶中火焰与锅底受热距离怎样确定？

炉灶中火焰与锅底的受热距离大小，是决定省燃料和费燃料的关键。那么，怎样确定火焰与锅底的受热距离呢？

首先，我们分析一下火焰与温度的关系。如图 8 所示（烛光示意图）：

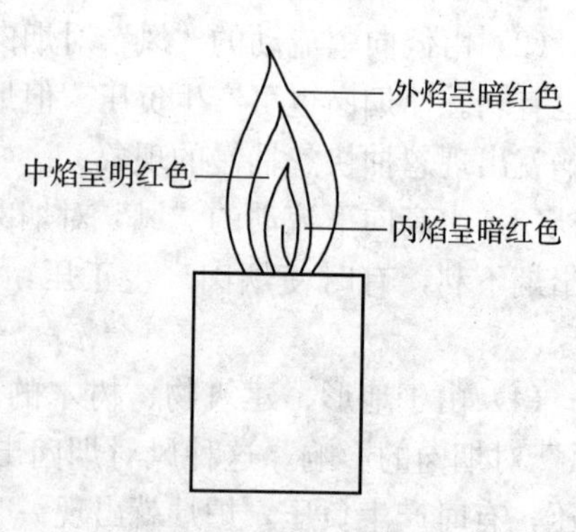

图 8　烛光示意图

火焰可分三层：外

焰、中焰、内焰。一般外焰与内焰为暗红色，温度较低，约在500～600℃；中焰为红色与明红色，温度在800～900℃左右。我们所需用的是中层火焰。

根据这个道理，来确定了省柴节煤炉灶的吊火高度，就会使锅底受热快，做饭时间短，热效率高。

268. 炉膛的煤烧成红火时为什么不能敞盖散热？

有些家庭为了室内暖和，当炉膛内的煤烧成红火时，就把炉盖全拿掉用来烘烤屋子，这种做法会造成煤气中毒。

煤燃烧成红火时，在炉膛内的二氧化碳较少，一氧化碳较多。这时炉膛内的燃料在燃烧中处于最高温度，如在这时送入二次风，炉膛内一氧化碳等可燃气体，还可继续燃烧进行再分解。这时把炉盖全打开以后，炉膛温度就马上下降，一氧化碳也就随之跑出来。时间长了，室内一氧化碳逐渐增多，冬季门窗关得又很严，不通风，人在屋内睡觉或呆时间长了，就会造成一氧化碳中毒。

所以，炉膛的煤烧成红火时不能敞盖散热，可用直接盖炉盖或薄铁板的办法烘烤屋子。

269. 烟囱砌筑有哪些要求？

烟囱在砌筑时要有以下质量标准要求：

（1）要求挑选质量好的优质砖，砖要浸湿，灰缝要饱满。

（2）烟囱内径要求垂直。

（3）烟囱内径要求光滑，减少烟气流动的阻力。

（4）烟囱上下要求严密，防止透风。

（5）烟囱要有一定的高度，一般高于房脊0.5米为最佳。

270. 烟囱的作用是什么？

烟囱对于炉灶好烧、炕热都起到了重要作用。烟囱能将炉灶产生的有害气体排出室外，可以保护室内环境，有利于人体健康。有烟囱的炉灶起火快，火势旺。试验表明：有烟囱的炉灶，起火时间不超过 15 分钟；没有烟囱的炉灶，起火时间需要 25 分钟，最慢的也要 40 分钟左右；烧一壶 3.75 千克的开水，前者平均只需 20 分钟左右，后者则需 30 分钟以上。

271. 烟囱抽力是怎样形成的？

烟囱抽力是由空气柱和烟气柱压差形成的，就像一个 U 形气压表，分正压和负压。当烟囱内的烟气温度越高，其比容就越大，而密度也就越小，比重就越轻，故作用在灶膛内的压力也就小；而外界空气柱由于温度低、密度大，作用在灶膛内的压力就大于烟气柱的压力，这样，烟囱就形成了一定的抽力。烟囱越高，压差也就越大。

所以，烟囱砌筑要有一定的高度，一般要求高于房脊 0.5 米以上，以不窝风为宜。烟囱的抽力要用烟囱插板控制适中，过大会使过量的冷空气进入灶膛降低燃烧温度，增加排烟热损失；控制过小，烟气流动不畅，就会产生燎烟、闷炭、截柴等现象。

272. 民用烟囱砌筑时有几种形式？

民用平房和小型楼房的烟囱砌筑位置可分为 5 种形式：①前墙烟囱；②后墙烟囱；③山墙烟囱；④间墙烟囱；⑤与房屋主体断开的独立烟囱。这 5 种砌筑形式的烟囱位置如果以防潮、防寒、保温、密闭及往室内散热的条件衡定，效果最好的是间墙上的烟囱，也只有间墙烟囱才是农村房屋结构改革和新型炕连灶发展的需要。

273. 烟囱内径圆形与方形有什么区别?

气体在流动中易走阻力小的圆形。凡明角、暗角都会造成阻力降低流速，产生涡流。通过实践观察，烟囱内的烟气是旋转上升的。方形烟囱内径受四角的阻力，使烟气流速缓慢，影响烟囱的抽力；圆形烟囱内径没有四角的阻力，烟气旋转上升快，烟囱的抽力就大。所以烟囱内径圆形与方形的截面相等的情况下，前者就比后者好烧、抽力大、效果好。

274. 烟道、烟囱内截面应怎样确定?

在灶喉眼烟道内火炕进烟口处，烟气温度高，烟气大，流速可按 3～5 米/秒确定断面。烟气在炕内流速逐渐变缓，并在进行热量传递交换。在火炕的出烟口处由于烟气温度降低，烟气减少，确定烟气流速均为 1.5～2.0 米/秒。

在确定烟道断面时，应考虑到挂灰的影响。一般烟道按每边挂灰 1 厘米来加大烟囱内径断面即可。经过理论计算和实践证明：方形烟囱烟道断面以不小于 120 毫米×240 毫米，圆形烟囱烟道直径以不小于 160 毫米为宜。

275. 烟囱高度如何确定?

一般的烟囱高度，平房和起脊的架房为 3.5～5 米之间。同时要符合下列条件，当在屋脊附近时，应高出屋脊 0.5 米以上；距屋脊 1.5～3.0 米时，可与屋脊一平；距屋脊 3.0 米以上时，可与屋脊平面成 10°角；还应考虑把烟囱设在主导风向的下风向和静压分布的负压区。

276. 用瓦管作烟囱内壁应怎样砌筑?

用瓦管做烟囱内壁在砌筑时应注意以下几点:

(1) 要选用无裂痕的陶瓷管做烟囱内管，安放时要把陶瓷管的喇叭头向上，两个陶瓷管的接合处要用水泥砂浆压实、密封。

(2) 从下到上陶瓷管连接都要垂直。

(3) 陶瓷管的周围与烟囱砖体的缝隙，要用水泥砂浆和小碎砖块灌满捣实。

(4) 烟囱最顶部的一节陶瓷管的喇叭头要用手锤打掉，使之烟囱出口平整。

277. 为什么烟囱上要安放烟插板?

因为烟囱上增设烟插板后，不仅起到了保持火炕温度、减少炕内热量流失的作用，同时，由于炕内保持了一定的温度，在次日点火时炉灶上火快，火炕也热得快。

有些烟囱因无烟插板控制，炕内热量在几小时内就会流失掉，下半夜炕就不热了。由于炕内的热量流失，温度不断下降，炕梢会出现结冰、上霜等现象。次日点火时，常常出现冒烟、上火慢、闷炭等后果。由于炕凉，次日烧火后炕热得缓慢，室内温度低。要想提高火炕和室内的温度就得多烧燃料，造成能源浪费。

278. 砖砌外壁、瓦管作内壁的烟囱，烟插板怎样制作与安装?

为了解决砖砌外壁、瓦管作内壁的烟囱安放烟囱插板的问题，研究制作了瓦管内轴型插板：选用一节圆标准的瓦管，在瓦管的一头缩进100毫米处相对钻两个直径10毫米的孔，用10毫米粗的钢筋穿入孔内，一头留出与瓦管的外壁取平，另一头留出与瓦管外壁距离120毫米或180毫米，在头上焊一个40毫米长横头，形成一个丁字形，以便掌握瓦管内的圆形插板方向与开、关，然后在瓦管内分别用两个半圆铁板焊在这个钢筋做的轴上，方向与丁字钮平行。

如果烟囱安装瓦管烟插板的里壁是用1/4砖砌筑的（立砖宽53毫米），丁字钮与瓦管外壁就留120毫米；如果烟囱处瓦管的里壁是用1/2砖砌筑的（半壁砖宽115毫米），丁字钮与瓦管外壁的距离就是180毫米。这样，在砌筑烟囱时，就可把带有轴形烟插板的一节瓦管放在烟囱上，高度可根据自己家的实际需要决定。在开启、关闭调节轴形烟插板时，可根据丁字钮的方向掌握烟囱里面轴形烟插板的方向。如图9所示。

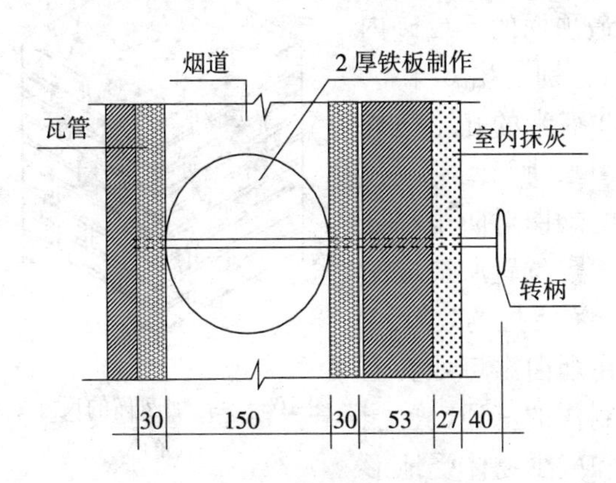

图9　烟囱轴形插板安装图

（单位：毫米）

烟囱内的轴形插板，不影响墙体的砌筑质量，密闭效果好。针对不好安装插板，又要保持墙面美观平整，还要控制烟气流量和保温等问题，可以用瓦管作烟道内壁的烟囱的方法来解决。这种方法已在辽宁省城镇、农村新房建筑中收到了很好的效果。

279. 为什么说烟囱高比烟囱低的炉灶好烧?

烟囱高，室内炉灶下的空气压强与室外烟囱出口的空气压强差相对就大；按空气压强随着烟囱高度的升高而升高，空气稀薄而减小的特点，烟囱高，风速较大，稳定性较好，促使炕内烟气流速快。炉灶在同样的条件下，烟囱高的就必然比烟囱低的好烧。

280. 多孔烟囱嘴有什么好处?

多孔烟囱嘴是指烟囱的最顶面没有出烟口，而让烟气从烟囱最顶面的5层砖内(每个侧面分别留出3个50毫米×120毫米的孔)往外出烟。如图10所示。

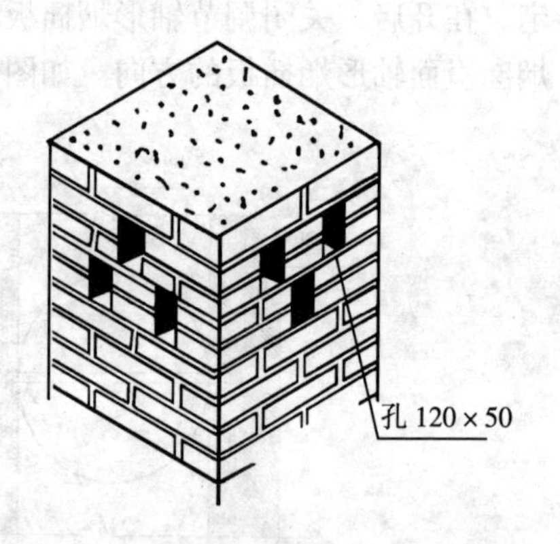

图10 多孔烟囱嘴的尺寸处理位置图
(单位：毫米)

这样的烟囱对防雨和处于风向不稳定位置所造成的犯风、冒烟有良好的效果。

如果在烟囱出口处安上一个铁皮制作的三通，也能起到防雨和减少物体受地形影响的作用，防止风向不稳定时所出现的冒烟、犯风现象。

281. 怎样应用转动型烟囱嘴?

转动型烟囱嘴适用于因地形、建筑物、树木等的影响而出现的冒烟、犯风和不好烧。如图 11 所示。

由于转动型烟囱嘴有固定的滚珠和活动点，以及嘴顶上的铁箭头掌握着方向，能够始终跟着风向转动，使烟囱的出烟口总是对着顺风的方向。所以，炉灶不灌烟，抽力大，还能防雨，减少烟囱内的湿度。

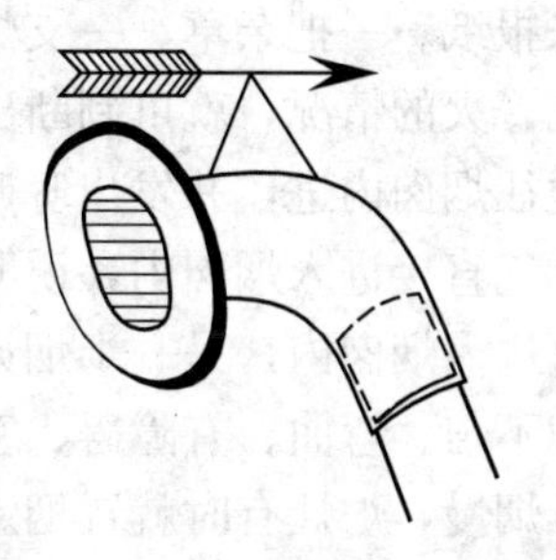

图 11　转动型烟囱嘴示意图

282. 什么是检查烟囱的反照法？

在烟囱底部，用一面小镜子反照烟囱顶部，根据小镜子里面反映的几种不同现象，就能对烟囱的毛病做出正确的判断。如果小镜子里面反映出一个与烟囱内孔相同的亮光，边线整齐，说明烟囱内部就是垂直、光滑、无障碍的，这是正常的烟囱。如果小镜子里面出现烟囱的半孔或小月牙形的亮光，用手放入烟囱内又有凉风感，说明烟囱内部弯曲，粗细不均，影响烟气的上升速度，抽力较小。如果小镜子里面出现一个模糊不清的“亮”时，“亮”的边线上又进出不齐，说明烟囱内壁有进出不齐的砖头、灰浆块、烟油块、烟灰较多等，用手摸烟囱内壁又有黄水，进一步证明烟气流动时阻力大、流速慢、抽力小，在无风天时炉灶就会往外冒烟。如果小镜子里面根本就没有一点亮，而用手放入烟囱内又一点凉风也没有，说明烟囱内堵塞，可采取措施排除烟囱内的障碍，使烟囱达到畅通。

283. 什么是检查烟囱的烟火法？

当检查烟囱是抽力大还是抽力小，是畅通还是堵塞时，用一张报纸、一把杂草、一支烟都可在烟囱底部点燃试验。根据观察烟、火的情况，就可判断出烟囱的抽力大小。如果烟火一个劲儿地往烟囱内进，并发出呼呼的响声；用烟卷试验，烟头见红火，烟气直接进入烟囱内，说明烟囱内畅通、抽力大。如果是一半烟火进入烟囱内，另一半烟火却冒在外面，说明烟囱内有湿度，粗细不匀、弯曲、有障碍、密闭不严，所以烟囱的抽力就小，造成排烟慢，炉灶有时就冒烟。如果是烟火一点也不往烟囱内进，用烟头试验，烟头的烟是垂直上升，摇晃不定，说明烟囱堵塞，应排除障碍，使烟囱达到畅通。

284. 什么是清除烟囱内烟垢的杆透法？

在修烟囱的时候，烟囱内部如果堵塞，可用木杆或钢筋将堵塞的砖瓦块清除掉，达到烟囱畅通，这种处理法就叫做清理烟囱的杆透法。

285. 什么是清除烟囱内烟垢的拉拽法？

为了清除烟囱内所挂的烟灰，可用一条绳子或铁丝从烟囱出口放到烟囱根部，在绳头或铁丝头上绑好比烟囱直径稍粗的草或旧布片，然后用力向上拉动，便可把烟囱内的挂灰拉掉，这种处理法就叫做清理烟囱的拉拽法。

286. 什么是清除烟囱内烟垢的火烧法？

使用瓦管作内壁的烟囱，由于烟囱内壁所挂的烟灰、烟垢是液油体，粘在瓦管壁上，日积月累就形成了很厚的一层，缩小了烟囱内的空间，影响了烟气流动。当用拉拽法又无法彻底清除干净时，便可采用引火物放在烟囱根部，点燃烧上 10～30 分钟，使烟囱内的烟油层引着，让它充分燃烧，直至自然脱落干净为止。最后使烟囱内恢复原来的空间，这种处理法就叫做清理烟囱的火烧法。

287. 什么是清除烟囱内堵塞的剖腹法?

在砌筑或维修烟囱时，由于掉进烟囱内砖头、瓦块、水泥块等，在烟囱当中出现梗堵的现象，采用杆透法、拉拽法、火烧法又无法解决的情况下，可采用剖腹法处理。用木杆或绳子从烟囱出口往下量出堵塞的准确位置并用笔作好标志，然后按照这个位置打开一个孔，把烟囱里面的堵塞物排除掉，使烟囱恢复畅通，再用灰浆把这个孔砌筑好，抹严密。这种处理法就叫做清理烟囱的剖腹法。

288. 烟囱内径粗细不匀对排烟有什么影响?

烟囱内径如果有粗有细，烟气在烟囱内流动就会有时扩散，有时收缩，影响烟气流速；当使用鼓风机时，烟气多，外界又没风，烟囱细的地方就满足不了烟气流量的需要，造成烟气停顿和流动缓慢，使炉灶闷炭、燎烟、不爱起火。因此，烟囱内径粗细不匀，就会影响排烟，减小流速，对炉灶好烧，火炕全热，节柴省煤等都是不利的。

289. 烟囱直径多大才适合民用?

民用烟囱直径大小决定于火炕的长短、炉灶的多少、是否使用鼓风机，以及不同地区所烧用的燃料，应根据实际情况而定。

如果火炕在 3 米以内、单炉灶、不使用鼓风机，烧用的煤、柴草烟量较小时，烟囱就可稍细稍矮一些；如果火炕是连二炕，又是两个以上的炉灶，使用鼓风机，煤、柴烟量较大，烟囱砌筑时就可稍粗稍高一些。如果火炕小，烟囱过高，内径过大，大量热能就会被烟囱抽走，出现炕凉，造成热损失，费柴费煤；如果是火炕长、烟囱过矮、内径过细，烟囱就抽力小，炉灶就燃烧差、不好烧、炕不热，热效率也就低。

因此，只有结合实际情况设计烟囱的高度、直径尺寸，才能收到好的效果。根据辽宁地区特点，实践证明：一个 3 米以内的火炕，可采用直径 20 厘米的瓦管做烟囱内壁，烟囱高为 3.5 米；一铺 4～6 米的火炕，可采用直径 26.7 厘米的瓦管做烟囱内壁，烟囱高为 5 米即可，但要求烟囱出口必须高出房脊 0.5 米以上。

290. 怎样使炉灶与烟囱在烟气流动中达到矛盾的统一？

当炉灶产生的烟量小于或等于烟囱排出的烟量时，炉灶就好烧。当炉灶产生的烟量大于烟囱排出的烟量时，炉灶就闷炭、燎烟、不好烧。

室外有风时，由于烟囱的负压大，烟气流速快，虽然炉灶因使用鼓风机而产生的烟气又快又多，但是炉灶并不往外冒烟。当室外无风时，由于烟囱的负压小，烟气流动缓慢，炉灶使用鼓风机或有时不用鼓风机也往外冒烟。这是因为炉灶产生的烟量已经超过了烟囱排出的烟量，造成炉灶往外冒烟。如果从烟囱根部引一根管，一直到炉灶一侧，在室外无风时就可让鼓风机直接吹通往烟囱的这根风管，由于鼓风机的作用，带动了烟囱内的烟气流动，加快了烟气流速。这样在无风天炉灶产生的烟气与烟囱排出烟气的矛盾就迎刃而解了。

291. 什么是机动活塞加热法？

在室外烟囱的底部，正对烟囱的中心与火炕炕墙的第四至五层砖的平面上，打出一个 120 毫米×120 毫米的孔，可用砖头、插板、活塞控制，在不用时要严格密闭。

当无风天，气压低，间断烧火，炉灶出现冒烟、闷炭、不易起火时，可把烟囱底部的机动活塞打开，用引火物烧上 3～5 分钟，排出烟囱内的冷潮气体。由于烟囱内的冷潮气体排出，加热后又提高了烟囱内部的温度，调节了烟囱内与室外的温差，因此，解决了在无风天火炕与烟囱抽力小的矛盾。如图 12 所示。

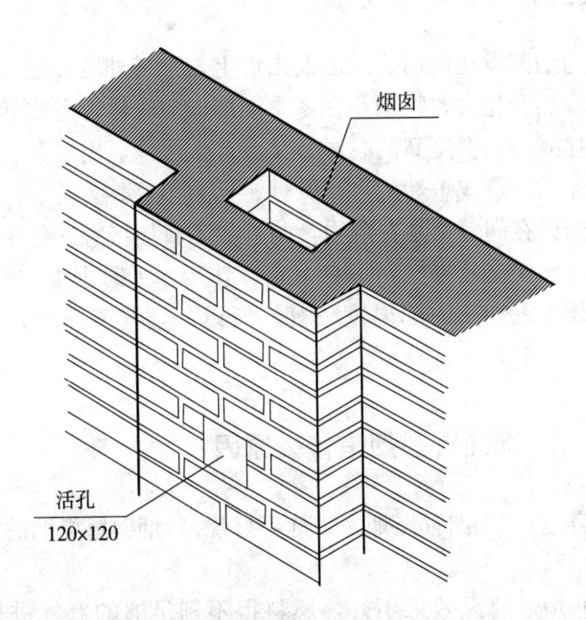

图 12　外墙烟囱上活孔处理示意图

（单位：毫米）

292. 为什么新砌的烟囱开始点火时抽力小，怎样解决?

因为新砌的烟囱内有潮气，造成炉灶在初点火时出现抽力小和不愿进烟的现象。

对于新砌的烟囱，只要做到在使用点火之前，先在烟囱底部用引火物烧上 10～30 分钟，使烟囱内部达到干燥后，这个问题就会迎刃而解。

293. 为什么烟囱设在间墙上就比设在前墙、后墙及山墙上好烧?

因为烟囱设在前墙、后墙及山墙上，都与外墙接触，防寒保温差，冷热变化大，特别是在冬季温度低的时候，造成烟囱内部上霜、挂冰；当温度高的时候，又会产生水珠，出现潮气，阻碍了烟气流动，造成炉灶闷炭、燎烟、抽力小等。

烟囱设在间墙上是在室内，与外界不直接接触，冬季冷热变化小，防寒保温效果好，不易上霜、挂冰，平时烟囱内部湿度、潮气都较小。烟囱内部温度较高。所以，烟气流速快，炉灶就好烧。

294. 烟囱冒黑烟是什么原因?

常言道："烟囱冒黑烟，炉灶不好烧。"烟囱冒黑烟的主要原因是：

（1）炉灶通风效果不好，燃料得不到足够的氧气进行完全燃烧。

（2）炉灶砌体内无保温层，不严密，热量散失大，使炉膛内温度低，燃烧差。

（3）炕内结构不合理，障碍多，阻力大，造成排烟不畅，影响燃烧效果。

（4）烟囱不严密、过细，抽力较小。

以上四种原因造成炉灶内燃料燃烧不充分，使大量的可燃气体随烟气跑掉了，因此，烟囱就会冒黑烟。

295. 烟囱冒黄烟是什么原因？

常言道："烟囱冒黄烟，烟气湿度大。"烟囱冒黄烟的主要原因是：

（1）烟囱内湿度大，潮气多。

（2）烟囱内有黄水、烟油，且上霜潮湿等。

（3）间断烧火，特别是无风天。

（4）烧湿煤、湿柴草等燃料。

特别是夏季、无风、气压低，又因为天热间断烧火，使炕内温度低、潮气大，常会出现"黄烟满地爬的情景"。

296. 烟囱冒白烟是什么原因？

常言道："烟囱冒白烟，炉灶燃烧好。"这证明炕灶结构合理，烟囱又有一定的抽力，炉灶保温效果好，燃料能得到足够的空气充分燃烧，烟气中的一些可燃气体减少了。所以，烟囱冒白烟是炉灶燃烧好，热能利用率高的表现。

297. 观察烟囱有哪五看？

一看烟囱砌在哪，就知炕灶好与差；

二看烟囱低于脊，燃火出烟不顺利；

三看烟囱不严密，炉灶烧火无抽力；
四看烟囱潮湿大，炉灶闷炭燃烧差；
五看烟囱无插板，火炕必定凉得快。

298. 因地形影响出现的冒烟现象怎样解决？

南面出门碰见山，刮起南风灶冒烟；
北面屋后靠着山，北风烟气往回返；
四面高山围得满，无风烟气黑一片。
解决方法有两个：
烟囱加热增流速，活动烟嘴随风转。

299. 烟囱出烟快慢与结构有什么关系？

烟囱矮又细，出烟就无力；
要想抽力好，烟囱严又高；
冒烟喷成线，烟道无阻拦；
出烟两面倒，烟囱没摆好。

300. 怎样看烟囱找毛病呢？

烟囱带黑帽，就知费燃料；
烟囱细又矮，截柴火外燎；
烟囱外皮湿，炕凉火焰低。

301. 为什么说“三分改灶七分烧火”？

砌筑一铺高效预制组装架空炕灶还必须掌握科学的节能烧火方法，才能收到理想的节能效果。常言说：“三分改灶，七分烧火”，这句话确实有道理。节煤炉、省柴节煤灶就是要少烧燃料，达到做饭、热炕、取暖的目的。

如果有了节能的炉灶，而没有节能的火炕，也是难以达到炕热的效果；如果有节能的炉灶和火炕，不采用节能的烧火方法，而用大把填柴，一脚踢柴的方法和大炉膛一锹撮煤的烧煤方法，就会使燃料不能充分燃烧，造成锅下闷炭或燃料不能有效利用。反之，如果采用节能的烧火方法，而不改造炕灶结构，那么燃料的大量热能就不能有效利用，必然会损失和随烟气跑掉了。

所以，要想达到节柴省煤、好烧热炕，就必须有节能的炉灶，就得用节能的火炕，还得采用节能的烧火方法，三者缺一不可。

302. 柴草在燃烧中的“三要素”是什么?

柴草燃烧是柴草中所含的碳、氢等可燃成分与空气中的氧气进行的强烈化学反应，放出热量的过程。柴草燃烧必须具备三个条件：①柴草，②空气，③温度。

柴草和空气是燃烧中最主要的因素。柴草是燃烧中的物质条件，缺了它，就谈不上燃烧；但是没有空气，即没有氧气帮助，柴草在燃烧中没有化学反应，柴草也就无法燃烧；而温度是燃烧中重要的助燃条件，温度不足，燃烧就不良，甚至会抑熄火焰。这三个条件互相制约，缺一不可。

303. 柴草燃烧的四个阶段是什么?

柴草的燃烧过程一般分为四个阶段：

第一阶段是预热阶段。主要是对柴草起加温和烘干作用。

第二阶段是点火阶段。主要是对柴草起着火作用。柴草挥发物含量比重大，像木柴高达85%，是可燃性最强的燃料之一，要求起燃的温度很低。木柴着火温度为300℃，稻草为200～

300℃。起燃时柴草释放出挥发物并形成木炭，其中可燃气体与空气中的氧混合，从柴草的表面上燃烧，形成火焰，释放出大量的热。

第三阶段是燃烧或爆燃阶段。这一阶段柴草迅速而充分地爆燃，放出大量的热量，以提高柴草的热能利用率，提高炉膛的温度。这一阶段需大量的空气，使柴草中的碳起强烈的化学反应，变成二氧化碳。如供氧不足就会产生不完全燃烧，成为一氧化碳（我们通常说的"煤气"中毒，这煤气就是一氧化碳，它是重要的燃料），炭没烧尽，使热量损失。

第四阶段是燃尽阶段。柴草燃烧后的剩余物是少量的灰分。灰分因柴草种类不同而不等，一般软柴灰分较多，达10%左右。灰分呈灰白色，表示柴草燃尽；灰分呈黑色，表示燃烧不完全。

304. 柴草燃烧与省柴灶有什么关系？

因为柴草是通过锅灶燃烧的，锅灶的结构是否合理，对柴草能否获得良好的燃烧，关系极大。一个好的省柴灶都是根据柴草燃烧的原理设计的。根据柴草燃烧时要有充分的空气、较高温度的要求，一般都要具有以下几个性能。

（1）省柴灶要有良好的通风性能，保证源源不断地供给足够的空气。一方面要安装炉排，通过进风道，增加空气的供给，并改进空气的混合条件；有的利用风箱，强制进风。另一方面利用烟囱的抽力，使灶膛内产生负压，以便吸入空气，克服炉排燃烧层和风道的阻力，保证灶膛内空气的供应，并要使空气混合良好，促进空气的扩散和运动。

（2）要有合理的灶膛容积，使柴草燃烧有个较好的环境。灶膛大就会费柴、费时、热量损失大；灶膛太小，供氧不足，难以燃烧。因此，灶膛要有一定的高度，要根据锅子的大小和柴草种类的不同来确定合适的灶膛容积。有的在灶膛里增加拦火圈，以缩小灶膛容积。

（3）要提高灶膛的温度，充分利用柴草燃烧时的最高温度。影响灶膛温度提高的因素是：①灶膛和灶门过大，冷空气进入太多；②空气供给过多，火力不旺；③灶膛内没有回烟道，烟气停留时间短；④柴草含水分过多等。所以要改进灶膛、灶门、回烟道等方面的设计，努力提高灶膛的温度。同时，确定适当的吊火高度，充分利用柴草燃烧时的最高温度。

（4）要改进烧柴技巧。“三分灶七分烧”，烧火方法不一样，得到的热效率也会不一样。过去我们都是一大把一大把地填柴，造成填柴量过多，供给空气不够，不能完全燃烧，热量损失大，而且降低了炉灶温度。当然，填柴过少，也是不行的。

305. 柴草燃烧产生的热量在灶膛内是怎样传递的?

柴草在灶膛中燃烧放出的热量，是怎样传到锅内的水和食物的呢？这里首先要弄懂什么是热传递。温度不同的两个物体放在一起，热量总是从温度高的物体传播到温度低的物体，这种传播继续到两个物体的温度相同时才会停止，这就叫热传递。热能传递有三种基本形式，即导热、辐射和对流。这三种传递方式往往同时存在于热传递过程中，一般传热过程都是这几种传热方式的综合。省柴灶的热传递形式也是如此，高温烟气通过对流和辐射，把热量传给锅的外壁，然后再经过导热把热量传给锅的内壁，最后再经过对流把热量传给锅内的水或食物。可见导热和对流方式对省柴灶最有影响。

306. 柴草燃烧时火焰与温度将如何判断?

柴草燃烧时形成的火焰可分上、中、下三层，一般上焰与下焰呈暗红色，温度较低，约500～600℃。中焰为红色或明红色，温度在800～900℃，火焰颜色与温度的关系见表1。

表1　火焰颜色与温度的关系

颜色	暗红	浅红	红	明红	橙	黄	明黄	白	炽白
温度（℃）	600	650～750	800～850	900	1 000	1 050	1 150	1 250	1 500

根据火焰与温度的关系，省柴灶要利用温度最高的中焰偏上的火焰。由于柴草种类不同，火焰高低也不同，一般硬柴火焰低，软柴火焰高，省柴灶应根据柴草种类，采用适当的吊火高度。

307. 省柴灶包括哪些方面的热损失？

为了提高省柴灶的热效率，尽量减少热损失，以便达到省柴、省时的目的。因此要对省柴灶的热损失有哪几方面要有所了解，弄清楚燃料产生的热量在柴灶中的具体去向。省柴灶的热损失主要有排烟热损失、化学不完全燃烧的热损失、机械不完全燃烧的热损失、灰渣带走的热损失和灶体、锅体的蓄热热损失等。

308. 省柴灶的省柴原理是什么？

从灶型的结构方面来看，老式柴灶结构不合理，燃烧不完全，保温性能差，热损失大，所以热效率低。其主要缺点是："两大"（灶门大、灶膛大）、"两无"（无烟囱、无炉箅）和"一高"（吊火高，一般在30厘米左右）。而省柴灶与老式柴灶相比，具备了"两小"（灶门和灶膛较小）、"两有"（有炉箅、有烟囱）和"一低"（吊火较低）的优点。结构比较合理，有一个完整的通风系统，燃料能得到较充分的燃烧。设置了保温层，增加了拦火圈，延长了高温烟气流在灶膛里的回旋路程和时间，从而使热损失减少，热效率提高，既省柴，又省时间，并且安全卫生，使用方便。根据全国各地测试，省柴灶一般比老式柴灶省柴1/3～1/2，节约时间1/4～1/3。

从热力学原理来看，省柴灶基本达到了三个条件：一是能将燃料充分燃烧，使燃料中的化学能比较完全地转化为热能；二是传热、保温效果好，使有效利用的热值较大，散热的热值较小；三是余热能较好利用，尽可能地减少了排烟余热和其他热损失。这就是省柴灶能够节能的重要原因。

309. 省柴灶应具备哪些热性能？

一个较理想的省柴灶应该具备什么样的热性能呢？根据我国人民的生活习惯和烹调方法，大致可归结以下几类：

（1）点火容易起火快。为了提高水或食物的温度，例如，烧开水或食物加工过程中的加热，要求点火容易、起火快、省时、省工。

（2）持续加热效能高并且温度可调。炊事工作中，需要在一定温度下，持续加温一段时间，并且温度可调。例如蒸、煮、炸食物等，三者所不同的仅在于维持的温度不一样，用油炸，需用的温度要比蒸、煮高。

（3）安全、卫生、保温性能好。直接利用辐射热和传导热加工食物，例如烤、烙、炒食物等，需要柴灶安全、卫生，灶口不冒烟，灶膛保温，余热可利用等。

（4）热效率高。新建省柴灶要求热效率在30%以上，基本适应当地生活、用能习惯。

310. 怎样才能提高炉灶的热效率？

要想提高炉灶的热效率，第一步是让燃料充分燃烧，放出热量；第二步是想办法充分利用热量；第三步是尽可能减少热损失。即在燃料充分燃烧的基础上，加强灶具吸热，减弱炉灶和炊具的热损失。可以从以下几方面考虑：

（1）采用科学的燃烧室（即燃烧室用辐射力强、导热系数适中、耐高温的材料制作，室状近圆或椭圆，能极大程度地产生“聚焦效应”），还应采用既能挡炭又不影响进风的炉箅，或能有调节风量的炉箅效果就更好；同时还要增加辅助热风。

（2）应按燃料燃烧的不同阶段送给适当的风量，如能把空气事先预热其效果就会更好。

（3）扩大炊具吸热面积（如扩大炊具受热面积可设锅体保温圈和增设余热锅）。

（4）用导热系数大的材料制作炊具，具壁要薄，形状顺乎火焰流动规律才好。

（5）炉灶内结构要合理，锅底应设在火焰高温点上。

（6）增设拦火圈和回烟道，要控制并延长火焰和高温烟气在灶内的停留时间。

（7）加强灶具保温，减少灶具吸热（如锅的四周与顶面）。

（8）缩小灶门或装上铁炉门，可减少灶门的辐射损失和过量的冷空气进入灶内。

（9）把湿度大的燃料晒干后再烧，减少湿度可提高燃料的热值。

（10）经常清除锅底烟垢、壶内水垢和灶内与灰坑的积灰。

（11）增设三板，即烟囱插板、灶门插板、通风道插板。

（12）日常烧火时要减少加柴、加煤的次数。

（13）日常做饭要事先准备好，减少敞锅、盖锅的次数和间断用火现象。

311. 什么是节柴烧火法？

省柴节煤灶、架空炕要使燃料在燃烧中能获得更好的效果，就必须采用科学的节柴烧火方法。其做法是：在使用秸秆、枝柴、杂草作燃料时，要做到在烧柴草时先缓后急、勤挑勤看、长柴短烧、粗柴细烧、湿柴干烧、少填匀烧的操作方法。

312. 什么是节煤烧火法？

架空炕如使用的是省煤灶，要得到更高的热效率，达到好烧、省煤、做饭快的效果，在烧煤时要做到勤、少、快、薄、匀、净，必须按以下操作方法烧煤：

勤：勤看勤加煤，只有勤看才能掌握燃烧的情况。

少：每次加煤量要少。

快：眼快观察灶膛，手快调理火旺，减少在加煤时的热量损失。

薄：煤层要加得薄，不要加积成堆。

匀：观察灶膛的火势，加煤要加得均匀，使灶膛内火烧得旺。

净：灶膛内的煤要烧干净，炉灰中的未烧净的煤，俗称二煤，要用筛子筛出来再烧净，也可做成炉渣多孔坯用来二次燃烧。

313. 关灶门烧火与敞灶门烧火有什么区别？

采用同样条件、同样大小的省柴节煤灶（风灶），做关灶门和敞灶门烧火的对比试验，其结果是关灶门烧火比敞灶门烧火的省柴节煤灶提前开锅了。这是因为关灶门烧火灶内温度高，热量损失小，火苗稳定，火抱锅底燃烧，所以开锅快。敞灶门烧火，热量损失大，灶内温度低，火苗由于受灶门进来的冷空气吹动，促使火苗往炕内去而不能抱锅燃烧，造成火苗不稳定。因此，敞灶门烧火，费柴费煤，开锅慢。

所以，架空炕所砌筑的省柴节煤灶要求必须增设铁灶门，当往灶内填完燃料后，要马上关上灶门烧火，做到添燃料快，关灶门快，及时掌握好燃料燃烧情况，就能达到节省燃料、做饭快、省时间、热效率高的效果。

314. 怎样焖饭才能时间短、省燃料？

日常在焖饭时，如果锅内添水多了，开锅时间必然长，做饭时间也就长，米下锅后，再把多余的热水扔掉，就等于扔掉了能源，增多了做饭时间，又浪费了燃料。如果锅内添水少了，米下锅后，锅内水不够，就得再往锅内续水，又延长了做饭时间，炉灶又得多烧燃料，同样浪费能源。如果饭前准备工作没做好，炉内火很旺，锅烧开了又不能及时地下米和用火，也会造成做饭时间长和燃料浪费。

因此，要想做到焖饭时间短、节省燃料，就必须掌握好米、水配比和做好炊事前的准备工作。

一种常用的米、水配比法：选用一个二大碗，用容积计算，大米是1∶1.5，小米是1∶1，高粱米是1∶2，大米与小米各一半的二米饭是1∶1.25，大米与高粱米各一半的二米饭是1∶1.75。在做饭时，要根据家庭人口的需要，按着上述的米、水配比方法，准确地把水量好倒入锅内。米在下锅之前，先用清水浸泡5分钟，然后再轻轻将米洗净，把水控干，等开锅后倒入锅内，并在开锅前要求搅动一次，开锅后再搅动一次，然后用缓火焖饭即可。这样焖饭省时、省事、省燃料，饭熟后松软香甜。

315. 为什么点炉时炉渣不要透尽？

在点炉时，炉膛内留一些炉渣或把炉渣扒成扇形的火底，这有三个好处：

（1）可使一些碎煤不易掉到炉下。

（2）可升高炉火，使锅底充分受热。

（3）有利于提高炉底温度，减少炉底散热损失，加快起火时间。

316. 炉灶怎样生火不倒烟？

炉灶在初点火时，常常会出现冒烟现象，弄得室内烟尘弥漫，十分呛人。

这是因为烟囱里的空气温度太低（冷气重），燃料刚刚点燃，冒出来的烟又不太热，上升的力量无法把烟囱里的冷空气顶出去。此路难走，只好倒流，烟气便从炉门、灶门冒出来。为了防止初点火时出现冒烟，日常生炉子时，要先预热一下烟囱，其方法是：

（1）要把引柴先在炉膛放好，不要点。

（2）要在烟囱根底部用一些引火物，点燃加热烟囱。这时候就会听到烟囱里有引火物燃烧烟囱抽的呼呼声。

（3）然后迅速地把炉膛内的引火柴点燃，全着后就可加煤，烟气就会顺利地从烟囱排走。

317. 怎样点炉子上火快？

日常点炉子时，虽然都采用同样的燃料，但炉子的上火时间和燃烧情况却各不相同，怎样点炉子才能上火快？

（1）如果烟囱的抽力大，排烟速度快，炉灶通风合理，是点炉时上火快、燃烧好的第一个条件。

（2）点炉时，炉体本身先要吸热，炉体墙的热损失大小，也是决定炉灶上火快慢的一个重要因素。如果在炉体墙内采取保温措施增设保温层，减少炉体墙的吸热、蓄热和散热损失，就可使炉膛内升温快。这是上火快、燃烧好的第二个条件。

（3）点炉采用的方法是否合理，也是决定炉灶上火快慢的一个重要因素。有的住户点炉时，把引柴、煤块（煤坯）一起都放入炉内，把炉膛填得满满的，然后再从炉箅下用引火纸引火。这种方法必然上火慢、时间长。因为燃料燃烧需要一定的空间把烟气迅速排走。炉膛的引柴燃烧后放出热量，才能加速煤块的烘干、预热、升温，以至达到燃点，煤块才能开始燃烧。如果把引柴与煤块同时压入炉膛内，又压得很满，炉膛内空间很小，阻力大，排烟不畅，炉灶自然上火慢，时间长。

318. 怎样透炉子效果好？

有的住户在透炉时，不讲究方法，用炉钩使劲乱钩一通，有些燃料没能燃烧好就被捅掉，同时又使炉膛内燃料层的空隙有大有小很不均匀。这会造成燃料浪费，加大炉箅下和排烟的热损失，降低炉温，影响燃烧效果。

那么，怎样透炉子效果好呢？透炉子的目的是为了疏松炉膛内的燃料层、除掉废灰渣，提高通风效果，使燃料得到氧气充分助燃，以便充分燃烧。因此，透炉子的次数不能过勤，要采用均匀点透的方法。点透炉后，要使炉膛的燃料层像蜂窝煤一样，空隙均匀，通风效果才能良好，燃料才能充分燃烧。

319. 怎样掌握加煤的火候？

炉膛内燃料还没燃烧完就加煤，便会影响炉膛内热辐射和锅底的受热效果，降低炉膛温度，延迟开锅时间，造成燃料浪费。炉膛内的燃料已经着过才加煤，就会延长起火和做饭时间，增大锅体的散热损失。可见，掌握好加煤的火候，是省煤做饭快的一个关键环节。

怎样掌握加煤的火候呢？要先看炉灶内燃烧的最高温度，即看到红火当中刚要出现白边时，就可加煤。但加煤层一定要薄而匀，使黑煤当中要有均匀的红点才好。这样，煤在炉膛内预热快，起火快，燃烧得好，热值高，可达到既省煤，做饭又快的目的。

320. 怎样才能封好炉子？

这要从燃烧和保温两个方面谈：

（1）燃烧。把炉子封上，好像已经不燃烧了。其实，在严重缺氧的情况下，仍在进行干燥、干馏、微弱燃烧，还原，逸出一氧化碳，一旦燃烧停止，就会灭炉。因此，炉子封得不要太紧太厚，最好在封炉前先放一点干煤，使之疏松透气，便于弱燃。

（2）保温。燃烧是有温度条件的，如果保温条件不好，封炉时间一长就会严重降温、灭炉。所以，封炉时必须将炉眼（即炉子进烟口）留出一个直径 30 毫米的小孔用来排出一氧化碳，其余部分全部封严，使湿煤平面与炉盖底面保持在 20 毫米以上，要防止炉膛内对流过大而降温。此外还要把炉盖和炉坑的挡板盖严。这样做，一般的炉灶就可以封上 10 个小时。炉膛较深的炉子，炉膛内存放炉渣多，对炉内燃层的保温就好；如果在炉体墙内又增设了保温措施，减少了炉体的散热和热量损失，封炉子的效果就会更好。

321. 怎样使用鼓风机？

燃料在炉灶内燃烧时，不同的阶段所需要的空气量不同。所以鼓风机在不同阶段的鼓风大小也就不一样。过去，由于一个劲地鼓风，有时会降低炉膛温度，增大排烟损失。因此，合理地使用鼓风机，也是我们日常烧火做饭中值得注意的一个问题。

怎样使用鼓风机呢？在鼓风机风口所对着的风管上安装一个铁板的轴型插板。当炉灶内的燃料在预热、烘干、初燃时，可把风管上的插板插上一半，要少给风量。当炉灶内燃料处于猛烈燃烧的时候，可把风管上的插板全打开，给予足够的风量。当炉灶内的燃料处于燃烧后的红火时，可把风管上的插板稍打开一个小缝，少给或不给风量。这样，可以减少热量损失，提高炉灶内的温度，使燃料得到充分燃烧。

322. 怎样烧煤球、煤坯？

烧煤球、煤坯，一般要掌握好生火、加煤、用火和封火几个环节。

（1）生火。先用乏煤（烧过的煤核）打底，投入引火柴，烧旺后，加煤球十几个。煤球要逐个加入摆匀，上下不重个，使煤球之间有一定的空隙，以利通风燃烧。不能将煤球一下子倒入炉内，那样会影响通风，造成火着偏、煤层厚、上火慢的毛病。

（2）加煤。要掌握加煤的火候和用火缓急。炉膛的煤层不要过满，一般达到炉膛深度的2/3就可以了，要留出高温火焰和烟气与锅底的辐射、对流传热的空间，以利排烟。加煤的数量不宜过多，要薄而均匀。透炉时要用炉钩在炉箅下向上轻轻疏通，不要从上往下捅。

（3）用火。要尽量缩短用火时间，集中用火。做饭、炒菜、烧汤、热水要一环扣一环，不烧空火。要根据烧煮需要的火力大小，适当调节炉眼插板和烟囱插板，不烧“懒火”，停用火时要及时封火。

（4）封火。封火时要加入一些新煤球、煤坯，加煤的多少要看封火的时间长短和底火的强弱而定。如火力太弱，先要少加煤，待火苗有点上升时，再二次加煤，然后用控制炉箅下风门和炉眼插板的方法，使炉膛内的煤球、煤坯处于缓燃状态就可以了。

煤坯的烧法与煤球的烧法基本相同，所不同的是煤坯需要敲成直径30毫米左右的小块才好使用。块太大则空隙过大，不容易接火；太小，间隙过小，不容易通风。

323. 怎样烧蜂窝煤?

蜂窝煤是比较节约的成型煤品种，使用方便，清洁卫生。目前市场上常见的是：煤体圆柱形，直径100毫米，高75毫米，12个孔眼，直径13～14毫米，下孔不小于12毫米，每只重0.6～0.65千克。另一种体积较大，直径120～130毫米，其他略同。近几年来，蜂窝煤的使用越来越普遍，配料、成型、规格也有显著的改进和提高。目前还出现一种用一根火柴或一张小纸即可点燃的易燃蜂窝煤，现点现用，更为节约和方便。

烧用蜂窝煤的方法如下：

(1) 生火。先把一只或半只烧过的乏蜂窝煤垫在炉条上，再在上面放上适量的木柴等引火物，燃旺后加一只蜂窝煤，等蜂窝煤燃烧到1/3以后，就可以压下去用火了。还可以把一直没有烧过的蜂窝煤放在邻家烧着的炉子里，燃烧到1/3以后，移放到自己的炉子里，即可用火。

(2) 用火。间断用火会影响煤的有效利用，所以要争取集中用火。可以通过调节风门和炉眼插板的大小来控制火候，如需用急火，只要用炉通条通透蜂窝煤的孔眼和四周的风槽，清出炉灰，使空气尽量畅通即可。

(3) 加煤。看火加煤很重要。一般可在蜂窝煤表面烧成灰白色时加入新煤。加煤时先把孔眼通透，放的时候要注意同旧蜂窝煤的孔眼对好眼位。底火足时马上压下去；底火不足时可先把蜂窝煤放入炉内，等新煤燃起后再往下压。压煤时最好是用半截砖或木板、铁板等放在上面，往下轻轻地平压。如果压不下去，可用炉钩从下面钩一钩，不要把煤压碎。在压煤时，要关闭风门，避免炉灰飞扬。

（4）封火。在不用火时就应封火，也叫压火。封火时要根据底火旺萎，下次用火量的大小以及封火时间的长短来加煤。火力足，下次用火量小，可加半只蜂窝煤，否则可加一只，也可看情况加一只半。封火时风门可全关或留小缝，要根据封火情况而定。慌火和闷火都会使封火失去作用。根据经验，一般以蜂窝煤的孔眼底部有深蓝色火焰为合适。次日开炉用火时，可先将风门少开一些，等火焰由蓝转红后，再全拉开风门，避免底火弱时因冷空气进入过多而降低炉温，造成熄火。

324. 怎样才能烧好稻草？

农村中，使用稻草作燃料的很普遍，要提高稻草的燃烧效果，就必须在炉灶结构和烧火方法上采取一些措施。由于稻草相互之间空隙小，湿度较大，产生灰烬多，燃烧后的灰烬又是黏球网状（俗称打团），所以很容易造成炉箅子的通风堵塞。如果在烧稻草时，填得稍多一些，炉灶就会出现闷炭、截火、燃烧差的现象。有些家庭反映说：“稻草烧得多，做饭不开锅；饭还没做完，灶膛灰烬满。”那么，怎样使稻草燃烧得好呢？

（1）烧稻草的大锅灶，要选用缝间宽为16～18毫米的炉箅，增大炉箅的通风量，并要求炉箅横放。灶膛套型要求：灶内的下部要套得稍大些，当燃烧后灰烬多时能有存放的位置，使稻草在灶膛内燃烧时保持一定的空间；大锅底面与炉箅平面的距离要保持在130～160毫米之间。

（2）在烧稻草时，首先要选用稻草根部湿度小而干燥的烧用。烧火时要做到少填、匀填，薄而成扇形往灶内送稻草。这样，稻草在燃烧时，空气与稻草调和均匀，预热着火快，火焰高，灰烬少，使大锅的锅底部受热快。

325. 怎样才能烧好锯末?

烧锯末时，如果是自然通风，不采用一定措施，就会闷烟，不起火苗。那么，如何烧好锯末呢？下面介绍两种烧锯末方法：

（1）无炉箅中间筒式燃烧法。在对着进烟口处的平地搭一个高180～250毫米、炉膛大小可按炉盘大小而定的地炉，在炉盘下通往火炕留出50毫米×100毫米（高×宽）的进烟口，在进烟口相对的炉体墙底部留出一个60毫米×60毫米的孔，搭完后，炉膛可用导热系数小的耐火材料把炉膛内壁套成圆筒形，并要求内壁光滑。然后开始往炉膛内装锯末，装锯末时，可选用两根直径60毫米，长300毫米的圆木棒，一根垂直插入炉膛中间处，另一根顺着炉体底部留出的孔插到炉膛内，与炉膛中间那根垂直木棒连接上。然后，把锯末倒入炉膛内垂直木棒的周围，并加以捣实后，再把这两根木棒抽出，将一张油纸点燃后，放进炉膛中间垂直孔内即可。这种方法，火焰是从中间的上下向四周外侧蔓延燃烧的。

（2）有炉箅双筒进风上燃法。可砌一个有通风道带炉箅的高180～250毫米、炉膛直径大小与炉盘直径大小一样的地炉，在炉盘下留出50毫米×100毫米（高×宽）的进烟口，并套炉膛，然后再用两个厚的铁板做两个通风筒：一个是炉中心通风筒，要求直径50毫米；另一个是炉边通风筒，要求通风筒内壁直径是炉膛直径尺寸的2/3，外壁直径要比内壁直径大20毫米。这两个通风筒的高是炉膛垂直高度减去30毫米。两个通风筒的一头要用铁板封闭，另一头要敞口，侧面相互间隔8毫米，留出直径6毫米的若干孔，作为通风孔。然后，把这两个通风筒的敞口向下按照相等的距离放在炉箅上，这时就可往炉膛内的空间里填锯末了。在锯末底部可少放上一层炉渣，锯末装得要疏松，装至比通风筒低10毫米处为止，然后在锯末上面引着即可燃烧。这种方法是从上往下燃烧的。

采用这两种方法烧锯末，可使锯末火苗高，燃烧旺。

326. 造成煤气中毒是什么原因？

炉灶、火炕、火墙等，用于取暖，方便适用，但易引起煤气中毒。

煤气中毒的原因大致有以下几种情况：

（1）火炕的炕面砖及炕洞里积存的烟瘤子过多，炕洞里湿潮气太大，烟囱挂的烟瘤经风吹雨淋下落到烟囱底下，造成烟囱根部堵塞。

（2）初次烧火或间断烧火，炕里冷气过多。这样，炕洞里的潮气和积存的烟瘤遇火，迅速产生大量的一氧化碳气体，加上烟囱底下被堵塞，空气对流不畅，一氧化碳跑不出去，便挤向室内。

（3）三九天，外面温度过低，烟囱外冷内热，产生挂烟霜，堵住烟囱眼。

（4）炕面四周有裂缝，烟囱不严密、抽力小，也会造成一氧化碳向室内排放。

排除这些隐患，就会减少煤气中毒。

327. 煤气中毒后应该怎么办？

煤气里含有多种有毒气体，其中引起中毒的主要气体是一氧化碳。所谓煤气中毒，就是指一氧化碳中毒。

当空气中的一氧化碳含量增多，被人吸入后，就与血中红细胞的血红蛋白结合，引起中毒。中毒后，由于全身组织缺氧，人就会出现头晕、头疼、眼花、四肢无力、恶心、呕吐等症状。严重时可不省人事，甚至导致死亡。

抢救煤气中毒的主要办法：立即打开门窗通风换气，马上把病人送到通风良好的地方，轻的2～3小时后就会好转，重的应立即送往医院抢救。如发现较晚，病人心跳、呼吸已停止，应立即边做体外心脏按压和人工呼吸，边送医院抢救。

328. 为什么说长期烧湿煤对铝制炊具不利？

日常烧煤，有时要把干煤少泼上一点水，起到不散的作用，特别是面煤要加土和水搅拌，以利燃烧。但这对铝制炊具十分不利。煤中有硫（尤其是无烟煤），燃烧时产生二氧化硫，铝壶（锅）的底面是湿的，二氧化硫可与水结合成亚硫酸，亚硫酸对铝制品有腐蚀性。长期烧湿煤就可大大缩短铝制炊具的使用寿命。

329. 利用炕墙散热有几种好方法？

炕墙散热是用一炉设两个炉眼烟道，同时解决室内采暖和炕热。炕墙散热的利用，可采用炕墙火墙式、炕墙方形烟道式、炕墙炉筒式、炕墙槽形铁板式四种处理方法，都是利用烟气余热，解决室内采暖。

（1）炕墙火墙式。炕墙火墙的高度是500毫米（与一般炕墙的高度一致），宽是240毫米，可用1/4的立砖打斗砌火墙的两侧墙。当烟气由炉内的进烟口进入火墙后，通过炕墙火墙到炕梢，再由炕梢火墙上的出烟口进入火炕的横向汇合烟道，从烟囱排出。砌炕墙时，要求炕头到炕梢有1.5%的坡度。

（2）炕墙方形烟道式。炕墙方形烟道是用5毫米厚的铁板焊成一个宽120毫米，高240～370毫米的长方形烟道，如果铸造成型的就更好。在砌炕墙时，方形烟道要有一定坡度，炕头烟道进烟口与间墙所留的炉灶进烟口要对齐对严（要高于炉盘），还要严格密闭。方形烟道的出烟口要与炕梢的横向汇合烟道对齐，以便合理排烟。炕墙的其余部分要用砖找齐，达到炕墙 500 毫米（8 层砖）的高度即可。

（3）炕墙炉筒式。选用 3～4 节炉筒，接在一起。把原炕墙往里缩进 240 毫米，这样，原火炕的洞数就少了一个炕洞，而炕沿还是安在原炕墙的位置上。为了稳定炕沿，可在炕沿中间放一个小柱固定。然后把炉筒贴在炕墙外侧，形成炕头低炕梢高的坡度。炕头的炉筒口要与间墙的斜式炉眼接严密闭，炕梢的炉筒口要在靠间墙的一块活砖上，然后把与炕内横向汇合烟道接触的一侧面剪掉，再靠严密闭。如果炉筒堵塞时，可把炕梢的那块活砖拿掉，用长草、线头、破布等固定在从炕头炉眼处引进来的铁线上，然后拉出，清完炉筒的烟灰后，再把活砖放进原来的位置，靠紧密闭。

为了炕沿下安炉筒后美观或避免烤坏衣服、烫坏小孩，可在炕沿下安装一个散热网。

（4）炕墙槽形铁板式。是用 2～5 毫米厚的铁板，焊成宽 120 毫米、高 250 毫米的槽形，中间要固定几个支柱，由里向外砌在炕墙上。也可用废旧的方形暖气片，可顺式冲开，分别把各半散热片朝外砌在炕墙上。炕墙槽形铁板式安装是利用炕内与室内的温差向室内逐渐散热，解决室内采暖的需要。

以上四种方法都要求炉灶砌双喉眼烟道，分别都要用炉眼插板控制，根据日常需要可随时调节室内温度和火炕温度。

利用炕墙散热是当前解决室内取暖的一种新方法。对那些每年冬季在屋内搭炉子取暖，而夏季暖和时就扒掉或安不上土暖气的家庭，这个方法尤其适用。这种取暖方式节省了材料和燃料，不影响燃烧，做到一炉两用，采暖方便，热量来得快，清洁卫生，并节省了室内占地面积，是一举多得的采暖方式。

330. 怎样应用暖风箱？

为了解决火炕的炕头过热，避免烧坏炕席、失火等现象，一般都在炕头烟气集中点上放上双层砖，用来调节这种过热现象。这样处理，虽然解决了炕头的局部过热，但是炕头的热量却不能充分利用，只能存在炕内。为了有效利用炕头的余热，提高室内温度，采用暖风箱代替了炕头的双层砖，在实践中收到了很好的效果。如图 13、14 所示。

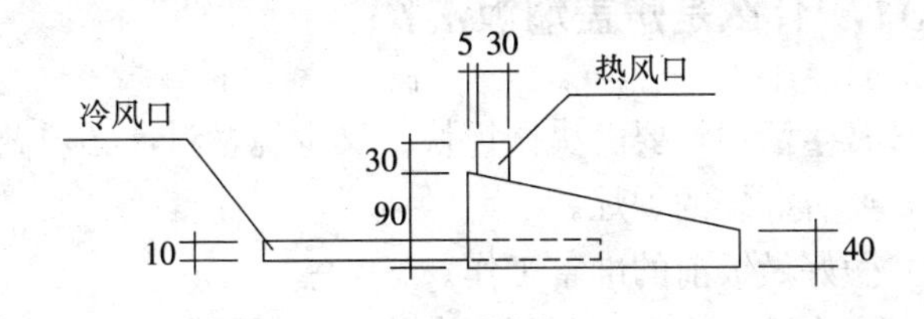

图 13　暖风箱尺寸侧面图

（单位：毫米）

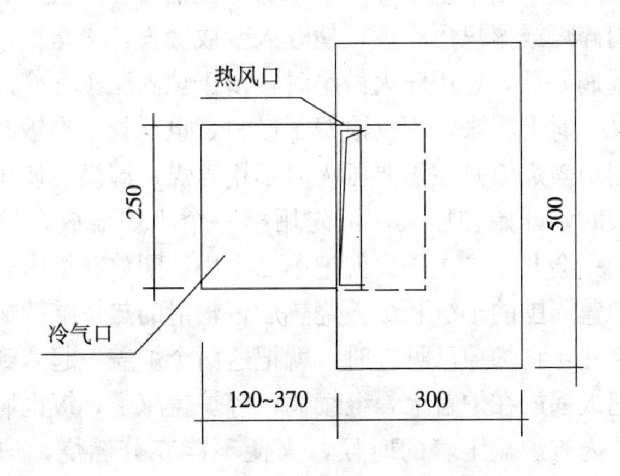

图 14　暖风箱尺寸平面图

（单位：毫米）

暖风箱有冷风口和热风口。冷风口从炕内通过间墙留在外屋，长度可根据间墙的宽度而定。热风口与炕面表层一平或缩进墙内，出口升高1米以上，可加快对流排热风的速度。当炉灶点火后，暖风箱马上受热，就开始了空气对流。冷风从外屋的冷风口进入暖风箱，在暖风箱内经过受热后，就随着暖风箱上层的斜度上升到最高点，而暖风箱的最高点就是热风口。只要炉灶内不停止燃烧，热风就不断地排到室内。这样，暖风箱不仅调节了炕头的过热现象，也提高了室内温度。

331. 什么是炉盖焖饭法?

在日常生活中，要解决做饭快，又少烧燃料，必须做到：

(1) 要有好烧的炉灶。

(2) 做好做饭前的准备工作。

(3) 烧火要紧凑，充分利用余热。

余热利用的方法很多，而炉盖焖饭法就是其中的一种。我们在焖饭的时候，当锅里水开、下米后，让锅再开一会儿，把正旺的炉火用碎煤或湿煤压一下，使旺火变成缓火，直至把饭焖好为止。当饭焖好后，想用旺火做菜时，由于炉内压了一些碎煤或湿煤，火又一时上不来，不仅浪费了燃料，也延长了做饭时间。

利用炉盖焖饭是在需要压火时不用碎煤、湿煤，使用炉盖处理。焖饭时，开始初压火，可先用第一个小炉盖放在炉火的中心，稍焖一会儿，二次压火就把第二个小炉圈放在炉内，使炉内只能靠炉盖周围的小缝和炉盖烧热后，辐射的热量继续焖饭。再稍焖一会儿，在炉盖已见红时，就把这两个炉盖一起拿到地面放平，再把饭锅放在炉盖上，继续焖，等炉盖凉了，饭也焖好了。

炉灶内有炉盖压着的时候，火便不能充分燃烧，炉盖拿掉后，炉灶内立刻恢复旺火，正适于炒菜，菜炒好后，炉盖上的饭也焖好了。

1981 年的炉灶鉴定会上通过实际测试，这种炉盖焖饭法，用 0.75 千克煤（铁法矿煤），40 分钟内就焖好了 1.25 千克大米饭，炒了两个菜，烧了一壶开水，受到好评。

332. 怎样制作和安装家用土暖气？

土暖气是属于重力循环热水采暖系统，以家用炉灶内小锅炉作热源，是一火多用的简易采暖方式。

其工作原理是将小锅炉出来的热水，通过供水管送到各采暖房间的散热器中，热水放热过后温度下降，再由回水管送回小锅炉去加热，循环使用。

土暖气热水小锅炉，目前采用的有盘管式和水套式两种。前者由钢管或铜管摵成，后者由钢（铁）板焊成。水套式加工方便，运行可靠，应用广泛。钢（铁）板厚度为 1～1.5 毫米，水套间隙≤15 毫米。如果空隙太大，水容量也大，会降低炉温，影响炉灶燃烧效果。

总之，土暖气小锅炉的设计，炉内安排，应以使用方便、节煤好烧为原则。

333. 熄火睡前“两堵严”有什么好处？

很多家庭在炉灶熄火睡前不愿堵炉门，烟囱无插板，造成了火炕凉得快，不保温，降低了室内温度，白白消耗了燃料。

新式火炕要求烟囱增设插板，炉灶也增设炉门或插板，在有风烟囱抽力大时，还可以控制因烟囱抽力大而不爱开锅的现象。

每天做到熄火睡前炉灶、烟囱插板两堵严的好处是可以中断炕内冷热气体对流，使炕内热量不易从烟囱跑掉，减少了热损失。因此，火炕凉得慢，让炕内的热量通过炕体逐渐散到室内，又提高了室内温度。同时，由于炕内保持了一定的温度，随着炕内温度的增高，烟气流动也必然加快，又使次日烧火好烧，火炕也热得快。

否则，就会通过烟囱使炕内热量流失，又会使炕内温度完全与外界温度相同，火炕便在室内吸热。同时，火炕还会通过炉灶门和炉灶喉眼与室内的热气体形成冷热对流，从烟囱排出。室内温度便很快下降。由于炕内温度下降，炕内一些水汽、潮气又变成了霜，在次日烧火时便又影响烟气流动，造成点火冒烟，起火慢，炕凉室温低，多烧火，浪费燃料等。

334. 做饭快、节省燃料有什么诀窍？

要想做饭时间少，饭前准备要做好；
要想烧火省柴草，少填勤填挑着烧。
要想开锅做饭快，吊火高度调整好；
要想柴草燃烧尽，通风合理温度高。

335. 省柴节煤灶安装铁灶门的作用和使用方法是什么？

农村平地搭的灶，燃烧不好费燃料；
改灶先砌通风道，灶门安上更必要；
吊火高度要选好，灶膛套完才可烧；
柴草燃烧时间短，掌握要点是关键。

饭前准备要做好，才能坐下把火烧；
打开灶门把柴填，速度要快时间短；
填完柴草关灶门，灶门孔内把火观；
火焰旺来温度高，可燃气体跑不了；
烟白火炽燃烧好，增设灶门有必要。

336. 架空炕砌筑时应把握住哪几点？

架空火炕不一般，砌筑起来把九关：
一要打好水泥地，防止炕沉跑烟气；
二砌支柱要找准，底板摆上才平稳；
三搭底板缝要严，抹好接缝不漏烟；
四砌炕墙要立砖；炕头要比炕梢宽；
五砌冷墙保温层，减少热失和透风；
六摆炕梢阻烟墙，排除死角热全炕；
七要增设烟插板，有效热量留下来；
八抹炕面严又光，炕面泥厚热得长；
九在炕墙镶瓷砖，卫生干净又美观；
砌完九关炕搭完，炕热屋暖省能源。

337. 怎样清除水垢？

一般铁锅的除垢方法是将锅拿下，用刃具铲除即可；但水壶、蒸锅内用刃具就不好清除，要用化学药剂才能清除。直接用于饮用和食用的工具，不能使用对人有害的化学试剂，如酸洗栲胶等除垢。为了解决这个问题，经有关部门试验用碱处理最好。

碱处理有纯碱和火碱两种，这个方法，材料来源多，其残渣对人体影响不大，具体方法如下：用纯碱除垢每 5 千克水加碱 0.05～0.1 千克，如用火碱除垢每 5 千克水加火碱 0.01～0.02 千克。加火碱时要先用水稀释后再放入水壶内，煮3～4 小时后再加入 0.05～0.1 千克生石灰水，再煮 2～3 小时即可。然后把产生的沉淀物全部排出，再用清水冲洗干净。

338. 怎样清除烟垢？

民用的炉灶、火炕常用的除烟垢方法都是手工处理，如铲掉锅底、壶底烟垢，扫掉炉膛、灶膛烟垢，扒开炕面清除炕内烟垢，拉掉或烧掉烟囱内的烟垢等。还可采用高压风吹灰的方法，由于一般借用空气压缩机较困难，所以使用者较少。

除以上方法除烟垢外，还可用药物除烟垢。其方法是：食盐70%，硫酸钠、氯化钙、硫酸铜、硫酸钙各7.5%合成剂量0.5～1千克，分成两份，分作两次使用，每隔12小时使用1次。使用时，用火铲薄而均匀地洒入炉膛内，放下烟囱闸门闷5～8分钟就可排除。

339. 烧火时炉膛温度与灰熔点的关系如何？

煤炭在炉灶内燃烧，必须有一定的温度。炉膛温度是燃烧的主要条件之一，但也不是越高越好，而是有一个范围。它的低限是着火点，高限是灰熔点。炉膛温度低于这个范围，煤炭不能燃烧，高于这个范围，煤炭就要结渣、挂釉，影响煤炭与空气混合，甚至阻碍空气流入炉内。因此，在烧火操作时要注意掌握炉膛温度。

340. 怎样才能确定好灶在厨房的位置？

（1）确定灶向和平面放样。灶向是指灶的方向。平面放样是划定灶的长、宽，灶在厨房的位置和炊具摆设位置、灶间与平面放样恰当与否，会影响到灶的外观和使用方便。

确定灶向，城市新灶已有烟囱和灶台板，比较容易。农村灶向往往受风俗习惯甚至迷信束缚。农村一般强调不能入了门口入灶口，门口与灶口不能直对。

其实，确定灶向与平面放样主要考虑农户厨房堆柴草、放水缸、装碗柜、摆饭桌、置菜板的地方。要求灶占地少，摆设雅观，使用方便，厨房清洁卫生，常以两面靠墙，有的还留灶巷等。

平面放样的方法是，先确定灶向，然后在地面按图画出灶的长、宽及灶口和锅的位置。农村砌灶，习惯用锅盖于地面画圆，定出锅的中心，钉上木桩，平面放样便完成。

（2）立体放样。当确定灶面、炉箅、灶口等高度和位置时，立体放样效果准确，能够缩短砌灶时间。

立体放样，农村瓦工常用“墙壁画线定位法”。即砌前在靠灶的墙上画一条垂直线，在垂直线上定出灶面、灶口、吊火位、进风口的位置，然后心算砌砖加浆的具体情况。若无墙壁画线，也可插棍作标砌筑。

341. 使用烟囱插板或火墙插板应注意什么问题？

（1）当炉灶内燃料初燃和盛燃时期应将插板全部打开或大部分打开，以利通风和烟气排出。

（2）当炉灶燃料残燃时期或完全熄灭后，浓烟气基本排尽，为减少热烟气流失，插板可部分或全部关闭。

（3）刮风天炉灶内烟气流速快，为减少热损失和有效利用热能，可用插板随时进行调节。

（4）无插烟板的烟囱和火墙，在冬季可在烟囱顶端设活动盖板，以利火炕、火墙保温和延长热的时间。

342. 火墙、暖炉使用上应注意什么问题？

（1）要求烟道架设得高一些。一般不应低于与屋脊水平成10°的交角线。

（2）炉膛每次填煤的量不要过多。一次填量过多，燃烧面与空气处于隔离状态时，炉膛能产生大量的一氧化碳等可燃气体，充满各烟道，烟囱也会冒出黄烟。此时不要立即把炉子插开，这是因为瓦斯得到燃烧条件可能会引起墙身的爆破。

（3）调节插板不要插得过严，特别是炉膛大燃烧旺盛时，要将挡板拉开，避免瓦斯集中于烟道之内。

（4）一定时期要清除烟道积灰，使烟道保持畅通。

（5）砌筑火墙和暖炉的烟道部分，要用黏土浆作胶结料，灰缝厚度一般不得大于5毫米；用耐火砖、耐火土砌筑，灰缝厚度一般不得大于3毫米。每个砖缝都必须刮满灰浆，并用锤子轻轻震动，使之结合严密牢实。

为保持烟道内表面光滑、整洁，减少烟气阻力，砌筑时每砌3～4层砖后，可用破布擦拭内表面，除去灰缝中挤出之泥浆。这样，可加快烟气在烟道内的流动速度，使炉子好烧。

343. 火墙表面怎样粉刷？

火墙表面粉刷，可使墙身强度好、严密，可使炉子好烧、外形美观。其做法是：先用黏土、砂浆（1∶1.5～1∶2的黏土配合并掺适量粗的麻刀）做墙面找平，涂层约10毫米左右。面层再用白灰麻刀浆涂层2～3毫米。面层粉刷应在垫层5～6成干时进行（用手指按时已不软，但有指印）。如果垫层过分干燥，涂抹前可先在墙体上喷水润湿。

火墙粉刷全部结束后即可烧火，但火量要逐渐增大；若温度上升太快，则容易造成灰层的龟裂。

344. 炉灶壁衬用料的选择和配方比例有哪几种？

烧烟煤和无烟煤时，通常温度可达1 000℃左右。因此，炉膛壁衬材料必须具有一定程度的耐火性能，并要取材方便。根据施工经验，有以下几种配比方法：

（1）黄泥炉渣混合料：肥黏土占2/3，含黏土熟料的炉灰占1/3，食盐占1%（重量比）。

（2）黏土粗砂子混合料：肥黏土占1/2强，粗砂子占1/2弱。

（3）黏土砖粉混合料：用黏土砖粉碎成粉状与黏土各占1/2。

（4）黏土、粗砂碎玻璃混合料：黏土占1/2，粗砂、碎玻璃各占1/4。

（5）黏土、生铁末子混合料：肥黏土占3/5，生铁末子（工业废料）占2/5。

混合料的调和方法是：先将黏土用水浸开，再将其他配料掺入，调到能够成型而又无明显坍落的程度即可。

炉灶壁衬塑造之前，要求先将炉膛内壁打扫干净，砖块干燥的，可洒水润湿，以利于混合料与砌体的黏合。炉灶壁衬做成后最好阴干或微火烘干，再用大火燃烧，以增加炉灶壁衬的使用期限。

345. 锅台表面粉刷应注意什么问题？

锅台表面粉刷，可以防止气体和水分对砌体的侵蚀，而且刷洗方便。

锅台表面粉刷，一般采用水泥砂浆或白灰水泥砂浆。每立方米的砂浆配比可按表2进行。

表2　每立方米砂浆配比

单位：千克

材料名称 / 数量 / 砂浆名称	白灰	水泥	砂子
100# 水泥砂浆		327	1 690
50# 水泥砂浆	74	200	1 700

注：水泥为325#（接近原400#普通水泥）。

锅台粉刷之前，应用笤帚把墙表面的浮灰扫净。如很干燥，可洒水润湿，使砂浆与墙表面黏结牢固。

大型锅灶，其上部边沿，可做成20～30毫米深、20～30毫米宽的水沟槽，使锅台表面的水集中流向下水道。

346. 火炕表面糊纸刷油应注意什么问题？

城镇或没有积肥要求的民用火炕，可采取炕面糊纸刷油的处理方法。炕面漆油不仅美观大方、整洁卫生，而且有抵御水分对炕表面的浸湿，减少对衣服、行李的磨损，保护儿童皮肤不受损伤等优点。糊纸要在炕面干透后进行。先糊一层报纸或旧布，随后再糊1～2层牛皮纸。纸糊上后用抹布轻轻推赶压实，以增加黏结和减少表面的皱纹。

炕表面漆油是在糊纸干后进行的，也可在炕面上画上各种样式的图案。通常要刷2～3次，每次刷的油漆层要薄而匀。厚了容易发生皱皮，降低油膜的光泽和耐久性。这种糊纸刷油的炕面，可把炕沿安得与炕面一平，并一起糊纸刷油。

乡镇、农村如需要利用炕洞土积肥的火炕，可采用苇席和木质纤维板来铺炕。用苇席铺炕无需再做处理，只是抹炕面泥时要求低于炕沿10毫米。而用木质纤维板铺炕，可做如下处理：二遍炕泥要低于炕沿10～15毫米，纤维板铺上后与炕沿成水平或稍低于炕沿；纤维板的接缝用牛皮纸裱糊，然后刷清漆两遍。铺纤维板之前，将炕周围的裂缝用旧布糊严，以免透烟。纤维板可反复使用，多年不坏。

347. 食堂、饭店用火做菜有什么好方法？

用火时要根据每个阶段炉灶火力强弱，单位时间内发出热量的大小，安排做各种不同的饭菜，使炉灶各阶段发出的热量都能充分利用，缩短用火时间，节煤效果就显著。几年来，通过不断实践和摸索，总结出了用火做菜要选、排、快、齐、配的操作方法，既能缩短用火时间，节约煤炭，又保证了饭菜的质量，色、香、味俱佳。

（1）选：要选择火候相同的菜，配菜谱；根据各种菜吃火程度不同，在操作前挑选吃火大致相同的菜，把菜的品种选合理以缩短炒菜的时间。

（2）排：根据每一个菜需要爆火、平火、稳火的要求与炉子燃烧的旺火、平火规律相结合，先炒什么菜，后炒什么菜，把这一餐所有的菜谱进行排队。其具体排菜方法是：

①炒旺火菜与平火菜相结合，根据每个菜对火候要求不同，分为旺火菜和平火菜。隔花炒菜就是将平火菜、旺火菜和稳火菜交叉进行的。

②炒菜时要先素后荤，可以减少洗锅次数，洗一次大锅，热锅变冷再烧热必然浪费一部分煤炭，减少洗锅次数就可节约煤炭。

③先蒸后烧，这是降低费火菜用煤量的一种好办法。例如做耗煤多的红烧肉，5千克肉在大灶上红烧，需用煤4千克左右，同样5千克肉在蒸饭时带上一起蒸，饭好了、肉也熟了，蒸肉耗煤0.25千克，蒸好后再红烧耗煤0.15千克，两项加在一起共耗煤 0.4 千克。煤耗降低了 90%。其他吃火菜（北方叫费火菜），如猪爪、蹄膀、鸡、鸭、鹅等先蒸后煮都省煤很多。清蒸菜要比炖炒菜节省很多煤炭，其原因是蒸汽比水的温度高，热量集中，故做饭时间短。

④余热做菜，蒸馒头或蒸米饭剩的蒸锅水，把炒菜用的鲜菜必须用水焯的，先用蒸锅水焯一下，充分利用余热。另外一种办法是烧最后一锅菜以后，炉膛还有余火，要做一些量小，而需要平火的菜，把余火用完。

⑤一锅炖多样菜，把蒸过的菜或吃火小的菜，一块下锅一块熟，可以节省时间，节省煤。

要做到以上五点，下厨者在操作时必须周密计划巧安排。

(3) 快：这主要指下厨者在操作中要快，即快炒菜、快起锅、快洗锅、快上屉。尽量缩短做饭炒菜时间，达到省煤的目的。

(4) 齐：在做饭炒菜前做好一切准备工作。如炒菜前要做到菜备齐，调料备齐，盛器备齐，炊具备齐才能保证快速炒菜、做饭。

(5) 配：配是密切配合，是指烧火人员和炒菜下厨者密切配合；烧火人员要按选定的菜谱烧火，下厨者也要按炉火燃烧规律炒菜，做到吃火菜有旺火，平火菜有慢火，两人配合得像一个人一样，火随人意。

348. 燃料在炉灶中燃烧时怎样鉴别空气量是否合适？

空气送到炉膛内，不可能与煤炭全面接触，因此，实际送气量要大于理论计算量。经过实测散煤炉空气过剩系数一般在1.6～1.8为宜。但我们使用的烧散煤小炉灶怎样才能鉴别所供的空气量是否合适呢？有两种方法：

(1) 观看火焰的颜色辨别。当灶内火焰呈黑红色或者红色带黑帽，火苗虚弱，这种现象表明空气不足。其原因：一是煤层过厚，应立即用煤铲将煤层拨薄；二是炉温过高，底部煤炭结渣，可以用火铲将炉渣拍碎，增加通风量，用火钩在发黑处轻轻顶起让空气通畅。

(2) 观察炉排上煤屑活动情况。当炉灶通风后煤层中部的细煤屑能够随风跳跃，但不能使煤屑随烟囱抽走，这是最为合适的风量。这种通风状况，不但可以满足燃烧所需的空气，并且能使空气与煤炭充分混合燃烧。

349. 烟尘对人体的健康有什么危害？

烟尘污染大气，对大众身体健康有很大危害。由于性别、职业、年龄、体质和健康等情况的不同，受到危害的程度也就不一样。根据我们的调查研究和有关资料的介绍，烟气中的飘尘、二氧化硫、一氧化碳等是危害人们身体健康的主要物质。

飘尘：是小于10微米的小颗粒，肉眼很难看见，它可以几小时或多年长时间飘浮在大气中。其中直径0.5～5.0微米的颗粒，由于气体扩散作用，可以进入人体肺部黏附并积聚在肺泡壁上，并有可能进入血液送往全身。当飘尘浓度达到100微克/米^{3}时，儿童呼吸道感染病有明显的增加；当浓度达到200微克/米^{3}时，慢性呼吸道病的发病率有明显的上升；当浓度达到300微克/米^{3}时，会加剧呼吸道病的恶化；当浓度达到800微克/米^{3}时，可能引起心脏病患者死亡率的增加。

二氧化硫：燃料燃烧排入大气中的二氧化硫遇到空气中的氧，很容易氧化成三氧化硫。它们与空气中的水蒸气化合生成硫酸烟雾和亚硫酸烟雾，或与烟气结合在一起生成硫化物。这些物质比空气重1～2倍，常浮在大气下部，很容易接触人体，有强烈的刺激作用。二氧化硫日平均浓度达到3.5毫克/米^{3}时，会使人们呼吸系统、心血管系统疾病的发病率和死亡率有显著增加，敏感的人在浓度为2.6毫克/米^{3}短时间作用下，会引起呼吸道阻力增加。

一氧化碳：就是通常所说的煤气。当大气中一氧化碳含量在0.2%时，就会发生较轻的中毒症状，如头痛、眩晕、耳鸣、恶心和呕吐；当含量在0.1%时，就会发生意识障碍，全身软弱无力，也会引起错觉，视力减退；长期生活在有微量一氧化碳的环境中，容易引起贫血，消化不良，呼吸困难，视力、听觉发生障碍和智力减退等症状。如果一氧化碳中毒严重者可以造成死亡。

总之，烟尘污染不仅对人体健康有很大危害，同时，对植物、金属等也有极为不利的影响。

三、太阳能采暖房

350. 什么是太阳能？

太阳以电磁波的形式不断向宇宙空间辐射能量，这种能量称作太阳能。

351. 太阳能的优点是什么？

太阳能作为一种能源，与煤炭、石油、天然气、核能等矿物燃料相比，具有以下特点：

（1）普遍性：太阳光能照射到的地方就有太阳能。

（2）无污染：太阳能是一种无污染的、清洁的能源之一。

（3）巨大的：每年到达地球表面上的太阳能相当于130亿吨标准煤。

（4）取之不尽：据专家估算，太阳辐射可维持上百亿年。因此，可以说，太阳能是取之不尽，用之不竭的。

352. 太阳能的缺点是什么？

（1）分散性：能流密度低。

（2）不稳定性：受昼夜、季节、地理纬度和海拔等自然条件的限制以及晴、阴、云、雨等随机因素影响。

（3）效率低和成本高：由于太阳能的能流密度低，具有不稳定性，太阳能利用装置效率较低，成本高。

353. 为什么要利用太阳能？

由于社会发展与人类进步的过程就是人类向自然界不断索取的过程。地球上的矿物能源并不是取之不尽、用之不竭的。据有关专家测算，地球上煤炭总储量为12万亿吨，探明储量为2.1万亿吨，可开采储量为1.6万亿吨，可开采年限在200年左右；石油总储量为1 400亿吨，估计可供开采100年以上，而能够维持开采的年限为45～50年；天然气总储量约为120万亿米^3，可供开采年限约为60年左右。

伴随着能源开发利用，环境污染问题成为举世瞩目的热点问题，其程度不亚于能源危机。在发达国家，主要燃用矿物能源，排放大量的二氧化碳、二氧化硫等，可能引起全球气候改变；在发展中国家，大量燃用生物质能，破坏植被，水土流失，土地沙化，生态环境严重恶化，水旱灾害频繁发生。

太阳能是取之不尽、用之不竭的。据理论计算，每秒钟太阳辐射到地球上的能量相当于500多万吨煤燃烧释放出的能量，而且是清洁、无污染、可再生的自然资源。因此，开发利用太阳能，不仅对促进国民经济建设、满足人民生活需要具有重要意义，而且对于减少温室气体排放、防止全球气候变暖和改善生态环境也有重要作用。

354. 什么是太阳房？

能够利用太阳能进行冬季采暖或夏季降温的房屋叫太阳房。用于冬季采暖目的的叫做“太阳暖房”；用于夏季降温和制冷的叫做“太阳冷房”，统称“太阳房”。

355. 太阳房是如何分类的？

根据太阳能系统运行过程中是否需要机械动力，太阳房分为主动式太阳房和被动式太阳房两大类。

356. 什么是主动式太阳房？

主动式太阳房是以太阳能集热器、管道、散热器、风机或泵以及储热装置等组成的强制循环太阳能采暖系统，或者是上述设备与吸收式制冷机组成的太阳能空调系统。

357. 主动式太阳房的特点是什么？

优点：系统控制调节方便灵活；室内温度波动小，居住舒适度好。

缺点：一次性投资大，设备利用率低，技术复杂，需要专业技术人员进行维护管理，而且仍然要耗费一定量的常规能源。

358. 什么是被动式太阳房？

被动式太阳房是通过建筑朝向和周围环境的合理布置，内部空间和外部形体的巧妙处理，以及建筑材料和结构、构造的恰当选择，使其在冬季能采集、保持、贮存和分配太阳能，从而解决建筑物的采暖问题。同时，在夏季又能遮蔽太阳能辐射，散逸室内热量，从而使建筑物降温，达到冬暖夏凉的目的。

359. 被动式太阳房是如何分类的?

被动式太阳房按集热形式可分为直接受益式、集热蓄热墙式、附加阳光间式、贮热屋顶式和自然对流回路式5种。最常用的是直接受益式、集热蓄热墙式、附加阳光间式和它们的混合式。

360. 什么是直接受益式被动式太阳房?

直接受益式是被动式太阳房中最简单也是最常用的一种。它是利用南窗直接接受太阳能辐射。太阳辐射通过窗户直接射到室内地面、墙壁及其他物体上，使它们表面温度升高，通过对流、传导、辐射等方式换热，用部分能量加热室内空气，另一部分能量则贮存在地面、墙壁等物体内部，待夜间、阴天或室外气温骤变时释放出来，使室内温度维持到一定水平。

361. 什么是集热蓄热墙式被动式太阳房?

集热蓄热墙式被动式太阳房是间接式太阳能采暖系统。阳光首先照射到置于太阳与房屋之间的一道玻璃外罩内的深色储热墙体上，然后通过对流、传导、辐射等方式向室内供热。

362. 什么是附加阳光间式被动式太阳房?

附加阳光间式被动式太阳房是集热蓄热墙系统的一种发展，将玻璃与墙之间的空气夹层加宽，形成一个可以使用的空间——附加阳光间。这种系统其前部阳光间的工作原理和直接受益式系统相同，后部房间的采暖方式则雷同于集热蓄热墙式。

363. 被动式太阳房的基本原理是什么？

太阳房的基本原理就是利用“温室效应”。因为，太阳辐射是在很高的温度下进行的辐射，很容易透过洁净的空气、普通玻璃、透明塑料等介质，而被某一空间里的材料所吸收，使之温度升高，它们又向外界辐射热量，而这种辐射是在比太阳低得多的温度下散发的长波红外辐射，较难透过上述介质，于是这些介质包围的空间形成了温室，出现所谓的“温室效应”。

364. 被动式太阳房建设的三要素是什么？

“集热、蓄热、保温”被称为太阳房建设的三要素，三者缺一不可。

365. 被动式太阳房的特点是什么？

优点：被动式太阳房最大的优点是构造简单，造价低廉，维护管理方便。

缺点：主要是室内温度波动较大，舒适度差，在夜晚、室外温度较低或连续阴天时需要辅助热源来维持室温。

366. 被动式太阳房与普通房屋相比，工程造价增加多少？

根据多年的统计分析，被动式太阳房与普通房屋相比，工程造价增加10%～15%左右。

367. 被动式太阳房与普通房屋相比，室内温度有何变化?

根据多年的测试、统计和分析，在无辅助热源的情况下，冬季，被动式太阳房比普通房提高室内温度 5～8℃；夏季，太阳房比普通房室内温度低 2～3℃。

368. 被动式太阳房的节能效果如何?

被动式太阳房的节能效果十分明显，据测试，被动式太阳房的节煤率一般在 55%左右。被动式太阳房与普通房屋相比，一个采暖期内每平方米可节约标准煤 18 千克左右。

369. 为什么强调被动式太阳房需要辅助热源?

由于冬季存在连续阴天或室外气温极低的情况，室内贮存的热量不能满足所需要的设计温度，因此，需要有辅助热源来提供热量，维持设计的室内温度。辅助热源一般可采用“吊炕”、电加热等方法。

370. 我国被动式太阳房发展现状如何?

我国被动式太阳房试点示范工作始于 20 世纪 70 年代中期，但发展速度很快，到 2002 年底统计，全国共建成被动式太阳房 1 194.44万$米^2$，仅辽宁一省就建成 303.52 万$米^2$，占全国总量的 25.4%，居全国首位。

371. 被动式太阳房建设规模如何？

被动式太阳房建设规模没有具体规定。目前，辽宁省被动式太阳房建筑面积从30多平方米的“四位一体”看护房到5 000多平方米的教学楼。但是，建设层数有一定的要求，一般情况下，采用复合墙体的太阳房层数不宜超过5层，如果采用外贴保温层的太阳房，建设层数没有规定。

372. 被动式太阳房建设有何标准或规范？

太阳房建设除了应执行一般的建筑工程设计、施工及验收规范外，还要执行太阳房的有关标准，我国太阳房建设经过多年的试验示范工作，于1994年12月30日由国家技术监督局颁发了《被动式太阳房技术条件和热性能测试方法》；辽宁省技术监督局和辽宁省建设厅于1997年联合颁布了《村镇被动式太阳能建筑设计施工规程》。该《办法》和《规程》的使用，对于我国太阳房的发展起到了巨大的推动作用，是辽宁省太阳房建设总的指导性文件。

373. 被动式太阳房建设地点应如何选择？

被动式太阳房建设地点的选择应考虑在冬至日从上午9时至下午3时的6个小时内，阳光不被遮挡，能直接照射进室内或集热器上。另外，最好选在背风向阳的地方，避免在低温区或自然通风口上。在同一地区内还应注意建造太阳房的小区环境，要注意周围环境对太阳房的不良影响。不能在排放化学物质微粒及灰尘较大的工厂附近，否则会显著地降低大气透过率并污染集热装置表面，降低集热效率。

374. 被动式太阳房朝向应如何选择?

根据多年来的经验，太阳房的朝向在南偏东或偏西 15°以内，这样能保证在整个采暖期内，南向房间里有充足的阳光，夏季避免过多的日晒。学校、办公用房等以南偏东 15°以内为宜，住宅以南偏西 15°以内为宜。

对于有总体规划的村镇，太阳房建设的朝向应服从总体规划。

375. 如何确定南向?

南向确定有多种方法，精确测定时一般由村镇规划部门采用罗盘法测定。如果在没有村镇整体规划的地区或没有测定仪器的情况下，或者有村镇规划，但是精度要求不高时，可采用棒影法测定南向。

棒影法一：在平整后的场地上立一木棒，上午 11：40 的棒影方向为南偏东 5°；中午 12：20 的棒影方向为南偏西 5°。

棒影法二：在上午某一时刻，比如 10 时，在平整后的场地上立一木棒，用白灰标出棒影的方向和长度，以立棒点为圆心，以棒影长度为半径画弧，并用白灰标出，在下午 2 时前后，当棒影顶点与圆弧重合时，用白灰标记出来，两条棒影形成的夹角的平分线的方向就是正南正北。做这个夹角的平分线的方法可用卷尺量出棒影与圆弧的两个交点之间的长度，取其中点与立棒点的连线就是这个夹角的平分线，即正南正北。

376. 太阳房日照间距如何确定?

太阳房日照间距按保证冬至日正午前后不低于 5 小时的日照

时间，其日照间距是前面的建筑物遮挡高度的 2～2.3 倍之间；按保证冬至日正午前后不低于 6 小时的日照时间，其日照间距是前面的建筑物遮挡高度的 2.3～2.7 倍之间。

377. 太阳房的最佳平面形状是什么？

独户太阳房的最佳平面形式是东西轴长、南北轴短的矩形平面形式。不要单纯追求造型美观而不考虑太阳能的利用、抗震性能及工程造价，造型可适当变化，但不宜采用过多的凸凹变化。

378. 太阳房的房间应如何布置？

太阳房的房间布置原则是将主要房间设在南侧，辅助房间可设在北侧或非南向。如住宅的卧室、客厅，学校的教室、办公室等设在南侧；住宅的厨房、厕所、库房，学校的厕所、走廊、楼梯等设在北侧。

379. 太阳房的立面、剖面如何设计？

太阳房的立面、剖面设计应满足下列条件：

（1）以满足使用要求为前提，太阳房外形一般应符合内部的功能要求，必要时可做局部调整，但不能脱离使用要求，孤立地考虑外观形式。

（2）要适应于太阳房的性质、规模、质量标准和造价投资，不能脱离经济条件，孤立地考虑外观形式。

（3）要与结构的特点相结合，不能不顾结构的合理性，孤立地考虑外观形式。

（4）要考虑构造的可能和施工条件，不做过多的或者虚伪的装饰。

380. 太阳房的开间和进深应如何选择？

建议太阳房的开间与进深的比值是：住宅、办公用房为1：1.5；学校教室开间≥6米，进深≤6米。

381. 太阳房的层高应如何选择？

太阳房的层高不宜过高，一般住宅、办公用房层高取2.7～2.8米，学校教室取3.2～3.3米。

382. 太阳房的集热形式如何选择？

太阳房的集热形式取决于太阳房的性质、当地的地理纬度、气候条件、采暖期的室外极端气温、采暖期的室外平均气温、室内设计温度、当地的生活习惯、用户的经济条件等诸多因素，不要单纯追求太阳能利用率和太阳能保证率等指标，应当综合考虑。

在乡村和小城镇，最普遍、最经济实用的采暖形式是直接受益式、集热蓄热墙式和这两种的混合式。

383. 太阳房南立面的窗墙比为多少合适？

建议直接受益式、集热蓄热墙式太阳房南立面的窗墙比分别采用0.35～0.5和0.3～0.5。

384. 什么是复合墙体？

在墙体内层采用蓄热能力较强（如红砖）的材料做承重墙，

在承重墙和外层保护墙之间选用保温能力强的材料（如聚苯乙烯泡沫板）组成的墙体称作复合墙体。

复合墙体的具体做法是将240毫米厚的承重墙放在室内一侧，然后是60～120毫米厚的保温层，室外一侧是120毫米厚的保护墙。

385. 太阳房哪部分采用复合墙体？

太阳房设计时，一般房屋的北墙和东、西墙采用复合墙体，南墙为370毫米厚的砖墙。

386. 太阳房集热窗应如何设置？

太阳房集热窗在满足构造要求的情况下应尽量大开南窗，小开北窗，不设东西窗。

那么，为什么不设东西窗呢？因为东、西向的窗户冬季太阳能获得量小于或等于其散热量，夏季易出现西照日现象，不利于夏季降温，因此，建议不设东西窗。

387. 太阳房集热窗的材质和形状应如何选择？

（1）在经济条件允许的情况下，太阳房的集热窗最好采用保温性能好的塑钢门窗，其次为木窗，尽量不采用钢窗和铝合金窗。

（2）从最大限度地收集太阳能的角度考虑，太阳房的窗户应尽量设置落地窗，但从使用功能的角度考虑，应设一定高度的窗台，综合两方面的因素，太阳房的窗户尽量选用竖向高的长方形或正方形。

（3）在满足使用要求的前提下，尽量增加固定窗的面积，减少窗扇的遮挡，提高窗的有效使用面积。

（4）太阳房的窗户最好设双层，夜间设保温窗帘。

388. 屋面保温有哪几种形式？如何保温？

太阳房屋面保温分两种形式，一种是平屋面保温，另一种是坡屋面保温。

平屋面保温方法是：在混凝土屋面板上做找平层，然后做隔气层，在隔气层上设保温材料，厚度根据计算确定，一般情况下，屋面保温层的厚度是墙体保温层厚度的1.2～1.3倍。保温层上面是干炉渣找坡，找坡层上是30毫米厚的细石混凝土找平层，最后做屋面防水层。辽宁地区屋面保温层如果采用聚苯乙烯泡沫板，厚度一般为100～120毫米，如果采用膨胀珍珠岩，应采用塑料袋密封后按设计厚度找平。一般情况下，厚度为150～180毫米。

坡屋面保温方法是：在室内设吊棚，在吊棚上放保温材料，厚度与平屋面相同。

389. 地面保温有哪些方法？具体做法是什么？

由于太阳房地面散热量较小，占整个房屋散热量的5%左右，有的太阳房地面不做保温处理。如果考虑地面保温，有两种方法：满铺地面保温法和防寒沟法。具体做法是：

（1）满铺地面保温法。

①素土夯实，铺一层油毡或塑料薄膜用来防潮。

②铺150～200毫米厚干炉渣用来保温。

③铺300～400毫米厚毛石、碎砖或砂石用来贮热。

④按正常方法做地面。

（2）防寒沟法。在房屋基础四周挖600毫米深，400～500毫米宽的沟，内填干炉渣等保温材料，上做散水坡。

390. 什么叫空气集热器？空气集热器的做法是什么？

空气集热器是安装在太阳房南墙上用来获取太阳能的装置。它是由玻璃或其他透明材料、空气通道、上下通风口、吸热板、保温板等几部分组成。空气集热器有窗下集热器和窗间集热器两种。

空气集热器的做法有两种，一种是以对流的方式为主，其做法是：在南墙的窗间墙或窗下墙施工时，按照设计的空气集热器尺寸，在墙体施工时，预留出凹槽，深度为120毫米，在凹槽里面上下各预留出一个与室内相通的孔洞，两孔洞的面积是凹槽面积的3%～5%，砌筑完成后，用水泥砂浆将凹槽内部及空洞内部抹平压光，然后，在凹槽内粘贴一层聚苯乙烯保温板，厚度为20～30毫米。在保温板上下各设一个孔洞，与墙体的孔洞一致，保温板外是一层吸热板，吸热板表面涂成黑色或墨绿色等深色，也留出孔洞，外侧用玻璃封闭。这种空气集热器，玻璃上端应设一个排气口，室内上下两个交换口应设活门。

另一种空气集热器是以传导和辐射的方式为主，没有空气交换口，其他与上一种相同。

391. 太阳房建筑施工前应准备哪些资料？

（1）施工现场的地质勘测报告。

（2）被动式太阳房的施工图纸及技术交底资料。

（3）有关的标准图集及规范。

392. 太阳房材料的选择、采购、保管有哪些要求？

在被动式太阳房建筑中，所选用集热材料、蓄热材料、透光材料均为普通建筑材料，但因其具有特殊的使用功能，对提高太阳能利用率有着关键性的作用，所以在选择时应注意以下几点：

（1）建筑及保温材料性能指标应满足设计要求。

（2）购买的保温材料应有质量证明，如导热系数、密度、抗压强度、吸水性等。对吸水性较强的材料必须采取严格的防水防潮措施，不宜露天存放。

（3）板状保温材料在运输及搬运过程中应轻拿轻放，防止损伤断裂、缺棱掉角，保证板的外形完整。

（4）施工现场应做好防火、防潮等安全措施。

（5）确定的集热、蓄热、保温、透光材料，未经设计单位同意，施工单位不得随意替换。

393. 毛石基础施工有哪些要求？

由于被动式太阳房工程较小，一般情况下均采用毛石基础，毛石基础施工要点如下：

（1）毛石质地坚实，无风化剥落和裂纹，标号在 200 号以上，尺寸在 200～400 毫米之间，填心小块为 70～150 毫米之间，数量占毛石总量的 20%。

（2）砌筑毛石基础的砂浆一般采用 50 号水泥砂浆，灰缝厚度为 20～30 毫米。

（3）毛石基础顶面宽度应比墙厚宽出 200 毫米（每边宽出 100 毫米），毛石基础应砌成阶梯状，每阶内至少两皮毛石，上级阶梯的石块至少压砌下级阶梯石块的 1/2。

（4）砌筑基础前，必须用钢尺校核毛石基础的尺寸，误差一般不超过 5 毫米。

（5）砌筑毛石基础用的第一皮石块，应选用比较方正的大石块，大面朝下，放平、放稳。当无垫层时，在基槽内将毛石大面朝下铺满一层，空隙用砂浆灌满，再用小石块填空挤入砂浆，用手锤打紧。有垫层时，先铺砂浆，再铺石块。

（6）毛石基础应分皮卧砌，上下错缝，内外搭接。一般每皮厚约300毫米，上下皮毛石间搭接不小于80毫米，不得有通缝。每砌完一皮后，其表面应大致平整，不可有尖角，驼背现象，使上一皮容易放稳，并有足够的搭接面。不得采用外面侧立石块，中间填心的包心砌法。基础最上面一皮，应选用较大的毛石砌筑。

（7）毛石基础每日砌筑高度不应超过1.2米，基础砌筑的临时间断处，应留踏步槎。基础上的孔洞应预先留出，不准事后打洞。

（8）基础墙的防潮层，如设计无具体要求时，用1∶2.5水泥砂浆加5%的防水剂，厚度为20毫米。

394. 复合墙体施工方法有哪几种？

太阳房复合墙体施工有两种方法，一种是单面砌筑法，另一种是双面砌筑法。单面砌筑法是先砌筑内侧240毫米厚的承重墙，每步砌至500毫米高，然后放保温材料，再砌筑外部保护墙，砌至500毫米高后安放拉结筋。

双面砌筑法是同时砌筑内外侧墙体，砌筑高度为500毫米，然后安放保温材料和拉结筋。其他同单面砌筑法。

承重墙与保护墙之间必须用钢筋拉结使它们形成一个整体。拉结方法为用直径为6毫米的钢筋拉结，钢筋两端设有弯钩，长度比复合墙厚少40毫米。水平间距两砖到两砖半（500～750毫米），垂直距离为8～10皮砖（500～600毫米）。拉结钢筋要上下交错布置。保温材料不同，施工方法不同，当保温材料为散状时，应采用塑料袋装，并适当捣实；当采用板状保温材料时，如100毫米厚保温板，可采用两层50毫米厚的保温板错缝排放，避免板接缝处的冷风渗透。

395. 太阳能集热窗的安装要求是什么？

直接受益窗、空气集热器等部件的安装，应采用不锈钢预埋件、连接件，如非不锈钢件应做镀锌防腐处理。连接件数量，每边不少于2个，且件间距不大于400毫米。为防止在使用过程中，由于窗缝隙及施工缝造成冷风渗透，边框与墙体间缝隙应用密封胶填嵌饱满密实，表面平整光滑，无裂缝，填塞材料、方法符合设计要求。窗扇应嵌贴经济耐用、密封效果好的弹性密封条。

396. 太阳房施工图纸有哪些？

一般农村太阳房施工图纸主要有建筑施工图和结构施工图两大类。在某些给排水、采暖、电照等设备比较完善的太阳房中，还应绘制出水、暖、电等施工图纸。

397. 建筑施工图包括哪些图纸？

建筑施工图一般包括以下几类：平面图（总平面图、底层平面图、标准层平面图和顶层平面图），立面图（正立面图、侧立面图和背立面图），剖面图和节点详图。通常用“建施-××”编号。

398. 结构施工图包括哪些图纸？

结构施工图一般包括以下几类：基础平面图、基础剖面图、楼（屋）面结构平面图、钢筋混凝土构件详图等。通常用“结施-××”编号。

399. 什么是总平面图？

总平面图是表明新建太阳房在建筑场地内的位置和周围环境的平面图，作为太阳房定位和施工放线的依据。建筑总平面图上标有太阳房的外形轮廓、层数、周围的地物，原有道路、房屋，以及拟建房屋、道路、给排水、电源、通讯线路走向等。规划建设太阳房小区或地形比较复杂时，还要绘制出坐标方格网、太阳房底层地面的绝对标高等。

400. 平面图有哪些内容？

平面图主要表示太阳房的平面形状、使用功能、不同的房间组合关系，门窗位置等。

（1）太阳房的形状、内部的布置及朝向。包括太阳房的平面形状、各类房间的组合关系、位置，并注明房间的名称，底层平面图还要标注指北针，表明太阳房的朝向。

（2）表明建筑物的尺寸。在平面图中，用轴线和尺寸线表示各部分的长度、宽度和精确位置。外墙一般用三道尺寸线标注：最里面一道表明门窗洞口、墙垛、墙厚等详细尺寸，称为细部尺寸线；第二道是轴线尺寸，表明了开间和进深的尺寸；最外面一道是外包尺寸，表明了太阳房的总长度和总宽度。内墙标注有与轴线关系、墙厚、门窗洞口尺寸等。首层平面图上还要标明室外台阶、散水的尺寸。在建筑图纸中，除了标高用米标注外，其余全部以毫米为单位。

（3）表明太阳房的结构形式、集热形式及主要材料。

（4）表明门窗的编号，门的开启方向并列出门窗表。

（5）表明剖面图、详图和标准图的位置及编号。

（6）设计说明，一般包括施工要求和材料标号等。

401. 立面图有哪些内容？

立面图是表示太阳房外貌的图纸。从立面图上可以看出建成后的太阳房外观。太阳房的立面图由下列内容组成：

（1）表明太阳房的外形，如门窗、集热器、阳台、台阶等的位置。

（2）表明太阳房外墙采用的材料和做法。

（3）表明太阳房的室外地坪标高、檐口标高和总高度。

402. 剖面图、详图有哪些内容？

剖面图一般有下列内容：

（1）表明了太阳房各部位的高度和相对标高。

（2）表明地面、屋面、墙体的构造及做法。

（3）剖面图上不易表明的部位或做法，用索引符号引出，索引符号是一个分数，外面一个圆圈。分母数表示详图的页数，分母如果是一，表示详图在本页；分子数表示第几个详图。

403. 结构施工图的内容有哪些？

（1）基础平面图。基础平面图主要表明基础墙、垫层、预留洞口、构件布置的平面关系。

（2）基础剖面图。基础剖面图主要表明基础的做法和采用的材料。图中可以看到基础墙中心线与轴线的尺寸关系，基础墙的厚度、埋深、垫层材料及厚度等，低于室内地坪的墙身处如无地梁还应设置防潮层。

基础平剖面图中的文字说明是必需的，包括与±0.000 相对应的绝对标高、地基承载力设计值、材料强度、施工验槽要求等内容。

(3) 楼（屋）面板结构平面图。楼（屋）面板有预制和现浇两种。在农村太阳房的建造中，以现浇楼（屋）面板为主。楼（屋）面板平面图包括平面、剖面、钢筋表、文字说明等四部分内容。

(4) 结构详图。结构详图是制作模板、绑扎钢筋的依据。一般包括钢筋混凝土梁、板、柱、楼梯等非标准构件详图。图中表明平面和剖面的详细尺寸、标高、轴线、编号、钢筋布置等。

404. 砖砌体施工的“十六”字方针是什么？

“横平竖直、灰浆饱满、内外搭接、上下错缝”被称为砖砌体的十六字方针。

405. 什么叫“三一砌砖法”？

“一铲灰，一块砖，一挤揉”被称为“三一砌砖法”。

406. 砌筑工程砂浆饱满度达到多少为合格？

砌体水平灰缝的砂浆饱满度达到80%以上（用百格网检查）为合格。

407. 在正常气温条件下，严禁干砖上墙，应如何处理呢？

在常温条件下，严禁干砖上墙，最好在施工前夜将砖用水湿润，使砖的含水率不大于15%，以水浸入砖内部10～15毫米为宜，第二天施工。

408. 常用砌筑砂浆的配合比是多少为宜？

一般情况下，太阳房施工中，砌筑砂浆的配合比均采用重量配合比，应由实验室给出实验室配合比。

在农村小型太阳房施工中，可采用表 3 中重量配合比。

表 3　常用混凝土配合比

	砾　石（40 毫米）		碎　石（40 毫米）	
	C10	C20	C10	C20
水泥 325# （千克）	277		293	
水泥 425# （千克）		329		384
中砂（米³）	0.44	0.39	0.47	0.42
石子（米³）	0.82	0.84	0.84	0.85
水（米³）	0.17	0.17	0.18	0.18

409. 太阳房施工中，常用的混凝土配合比是多少？

一般情况下，太阳房施工中，常用的混凝土配合比均采用重量配合比，应由实验室给出实验室配合比。在农村小型太阳房施工中，可采用表 4 中重量配合比。

表 4　常用砌筑砂浆配合比

	混合砂浆		水泥砂浆	
	M2.5	M5.0	M5.0	M7.5
水泥 325# （千克）	144	229	229	290
中砂（米³）	1.02	1.02	1.02	1.02
石灰膏（米³）	0.25	0.15		
水（米³）	0.60	0.40	0.22	0.22

410. 砖砌体施工中，灰缝为多少合适？

砖砌体施工中，水平灰缝厚度和竖向灰缝宽度一般为 10 毫米左右，在 8～12 毫米之间为宜。

411. 砖砌体施工中应执行哪些规定？

砖砌体施工时，应严格执行砖石工程施工及验收规范。砌体转角和丁字接头处应同时砌筑，不能同时砌筑时应留斜槎，斜槎长度不应小于其高度的 2/3；如留斜槎有困难时，除转角外，也可以留直槎，但必须是阳槎，严禁阴槎，并设拉接筋，拉接筋的间距是沿墙高 8～10 皮砖（500 毫米）设一道，240 毫米厚墙设 2 根 ϕ6 钢筋，370 毫米厚墙设 3 根。埋入长度为两侧各 1 000 毫米，末端应有 90°弯钩。构造柱处为马牙槎，马牙槎应先退后进，上下顺直，残留砂浆应清理干净。砌筑砂浆应随搅拌随使用，水泥砂浆必须在 3 小时内用完，混合砂浆必须在 4 小时内用完，不得使用过夜砂浆，墙体砌筑时，严禁用水冲浆灌缝。

412. 保温材料施工的注意事项有哪些？

当保温材料为聚苯乙烯泡沫板等板状材料时，宜采用总厚度不变的分层（2～3 层）错缝安装。当保温材料为岩棉、膨胀珍珠岩等材料时，必须用塑料袋包装。雨季施工时应及时遮盖，以免保温材料因潮湿降低保温性能。

安装保温材料时应采取有效措施，防止损坏保温材料，以搭设双排脚手架为宜。

413. 太阳房验收有哪些内容?

太阳房的竣工验收与一般建筑的验收大同小异，分为档案验收和分部分项工程验收。

（1）档案验收。

①工程使用的各种保温材料、蓄热材料及构配件必须有产品质量合格证及质量检验报告，进场抽样复试报告单。

②对复合墙体，地面与屋面保温材料铺设方式，拉接筋等隐蔽工程应严格按图纸要求施工，需认真做好工程记录。

③检查是否有设计变更，如果有，检查设计变更手续是否齐全，材料代用通知单是否齐全。

④检查施工日记及工程质量问题处理记录是否齐全。

（2）分部分项工程验收。

①分部分项工程应在上一道工序结束后，进行工程质量验收，参加验收人员有工程监理、设计、施工及建设单位代表。上一道工序验收合格后进行下一道工序，否则不准进行下一道工序。

②基础工程验收时应检查保温隔热工程，保温材料含水率等是否符合设计要求，以及隐蔽工程记录。

③地面工程应按地面构造分层验收，应有施工检查记录。

复合墙体施工过程中应按以下内容进行中间验收：

第一，使用保温材料应有出厂证明及复试证明，确认其各项指标符合设计要求。

第二，保温材料放置应严密无缝，如出现空隙应以保温材料填充，做好施工记录。

第三，砌筑砂浆底灰饱满度要大于80%，碰头灰达60%以上，所有灰缝均应达到密实状态。

第四，建设单位及施工单位应严格按设计要求认真做好施工记录及质量检查记录，认真归档。

第五，冷桥部位处理必须经设计与施工单位双方共同检查，认定符合设计要求。

414. 集热部件验收有哪些内容？

（1）选用木制材料时，含水率应符合设计要求，一般不得超过12%，选用金属材料时应有防腐措施。

（2）门窗允许偏差项目值见表5。

表5 门窗允许偏差项目值

项次	项目	允许偏差值（毫米）	检查方法
1	框的正侧面垂直度	3	用1米长线板检查
2	框对角线长度差	2	尺量检查
3	框与扇，扇与扇的结合处高低差	2	用直尺和楔形塞尺检查
4	窗扇对口和扇与框留缝宽度	2	用楔形塞尺检查
5	框与扇留缝宽度	1	用楔形塞尺检查

（3）气密性检查，门窗缝隙是否采取密封措施，集热部件与墙体连接部位是否符合设计要求，采取相应的保护措施。

（4）被动式太阳房热工情况，室内热环境及整个系统测试按农业部组织编制的国家标准《被动式太阳房技术条件和热性能试验方法》进行，由指定机构进行测试。

四、大中型沼气工程

415. 我国可再生能源法是何时颁布的，何时施行，包括哪些主要内容？

中华人民共和国可再生能源法于2005年2月28日第十届全国人民代表大会常务委员会第十四次会议通过，2005年2月28日中华人民共和国主席令第33号公布，自2006年1月1日起施行。

主要内容包括8章33条。该法明确规定了政府和社会在可再生能源开发利用方面的责任和义务，确立了一系列制度和措施，包括中长期总量目标与发展规划，鼓励可再生能源产业发展和技术开发，支持可再生能源并网，优惠上网电价和全社会分摊费用，设立可再生能源财政专项资金等。

该法称可再生能源指的是风能、太阳能、水能、生物质能、地热能、海洋能等非化石能源。

416. 目前，国家颁布的大中型沼气工程标准有哪些？什么时间开始实施？

目前，国家颁布了8套大中型沼气工程农业行业标准，它们是：

(1)《沼气工程规模分类》(NY/T667—2003)，该标准于2003年4月1日发布，2003年5月15日实施。

(2)《规模化畜禽养殖场沼气工程设计规范》(NY/T1222—

2006）。

（3）《规模化畜禽养殖场沼气工程运行、维护及其安全技术规程》（NY/T1221—2006）。

（4）《沼气工程技术规范》第 1 部分　工艺设计（NY/T1220.1—2006）。

（5）《沼气工程技术规范》第 2 部分　供气设计（NY/T1220.2—2006）。

（6）《沼气工程技术规范》第 3 部分　施工及验收（NY/T1220.3—2006）。

（7）《沼气工程技术规范》第 4 部分　运行管理（NY/T1220.4—2006）。

（8）《沼气工程技术规范》第 5 部分　质量评价（NY/T1220.5—2006）。

（2）～（8）标准于 2006 年 12 月 6 日发布，2007 年 2 月 1 日实施。

417. 沼气工程的分类是什么？

根据《沼气工程规模分类》（NY/T667—2003）的规定，按单体装置容积、总体装置容积、日产沼气量和配套系统的配置将沼气工程的规模分为大型、中型和小型三类。

其中，单体装置容积和配套系统的配置为必要指标，总体装置容积和日产气量为择用指标。确定规模时要根据两个必要指标和一个择用指标确定沼气工程的规模。

表 6　沼气工程规模分类指标

工程规模	单体容积（米^3）	总体容积（米^3）	沼气产量（米^3/天）	配套系统的配置
大型	≥300	≥1 000	≥300	完整的原料预处理系统；沼渣、沼液综合利用系统；沼气贮存、输配和利用系统

（续）

工程规模	单体容积（米³）	总体容积（米³）	沼气产量（米³/天）	配套系统的配置
中型	300＞V≥50	1 000＞V≥300	≥50	原料预处理系统；沼渣、沼液综合利用系统；沼气贮存、输配和利用系统
小型	50＞V≥20	100＞V≥50	≥20	原料计量、进出料系统；沼渣、沼液综合利用系统；沼气贮存、输配和利用系统
备注：沼气产量是指发酵温度大于25℃总体装置的沼气产量				

注：单体装置容积小于20米³ 的为家用沼气池。

418. 国家对畜禽养殖场污染物排放有何标准?

国家环保总局和国家质量监督检验检疫总局于2001年12月28日联合颁布了畜禽养殖场污染物排放国家标准（GB18596—2001）即《畜禽养殖场污染物排放标准》，于2003年1月1日实施。本标准适用于集约化畜禽养殖场和集约化畜禽养殖区。《标准》要求所有Ⅰ级规模范围内的集约化养殖场和养殖区，以及Ⅱ级规模范围内且地处国家环境保护重点城市、重点流域和污染严重河网地区的集约化畜禽养殖场和养殖区，由2003年1月1日起开始执行；其他地区Ⅱ级规模范围内的集约化养殖场和养殖区，实施标准的具体时间由县以上人民政府环境保护行政主管部门确定，但不得迟于2004年7月1日。

419. 什么叫集约化畜禽养殖场，如何划分Ⅰ、Ⅱ级?

指进行集约化经营的养殖场。集约化养殖是指在较小的场地内，投入较多的生产资料和劳动，采用新的工艺与技术措施，进行精心管理的饲养模式。

表 7 集约化畜禽养殖场的适用规模（以存栏数计）

控制项目	猪(头)(25千克以上)	鸡（只）		牛（头）	
		蛋鸡	肉鸡	成年奶牛	肉牛
Ⅰ级	≥3 000	≥100 000	≥200 000	≥200	≥400
Ⅱ级	500≤Q<3 000	15 000≤Q<100 000	30 000≤Q<200 000	100≤Q<200	200≤Q<400

420. 什么叫养殖区，如何划分Ⅰ、Ⅱ级？

指多个畜禽养殖个体集中生产的区域。

表 8 集约化畜禽养殖区的适用规模（以存栏数计）

控制项目	猪(头)(25千克以上)	鸡（只）		牛（头）	
		蛋鸡	肉鸡	成年奶牛	肉牛
Ⅰ级	≥6 000	≥200 000	≥400 000	≥400	≥800
Ⅱ级	3 000≤Q<6 000	100 000≤Q<200 000	200 000≤Q<400 000	200≤Q<400	400≤Q<800

421. 在国家标准中，集约化畜禽养殖业水污染最高允许日均排放浓度是多少？

表 9 集约化畜禽养殖业水污染最高允许日均排放浓度

控制项目	五日生化需氧量（毫克/升）	化学需氧量（毫克/升）	悬浮物（毫克/升）	氨氮（毫克/升）	总磷（毫克/升）	100毫升粪大肠菌群数（个）	蛔虫卵（个/升）
标准值	150	400	200	80	8.0	1 000	2.0

422. 在国家标准中，集约化畜禽养殖业水冲工艺最高允许排水量是多少？

表 10　集约化畜禽养殖业水冲工艺最高允许排水量

种　类	猪 [米³/（百头·天）]		鸡 [米³/（千只·天）]		牛 [米³/（百头·天）]	
季　节	冬季	夏季	冬季	夏季	冬季	夏季
标准值	2.5	3.5	0.8	1.2	20	30

423. 在国家标准中，集约化畜禽养殖业干清粪工艺最高允许排水量是多少？

表 11　集约化畜禽养殖业干清粪工艺最高允许排水量

种　类	猪 [米³/（百头·天）]		鸡 [米³/（千只·天）]		牛 [米³/（百头·天）]	
季节	冬季	夏季	冬季	夏季	冬季	夏季
标准值	1.2	1.8	0.5	0.7	17	20

424. 在国家标准中，畜禽养殖业废渣无害化环境标准是什么？

畜禽养殖业必须设置废渣的固定储存设施和场所，储存场所要有防止粪液渗漏、溢流措施；用于直接还田的畜禽粪便，必须进行无害化处理；禁止直接将废渣倾倒入地表水体或其他环境中，畜禽粪便还田时，不能超过当地的最大农田负荷量，避免造成面源污染和地下水污染。畜禽养殖业废渣无害化环境标准见表 12。

表 12　畜禽养殖业废渣无害化环境标准

控制项目	指　标
蛔虫卵	死亡率≥95%
粪大肠菌群数	≤10^5 个/千克

425. 在国家标准中，畜禽养殖业恶臭污染物排放标准是什么？

集约化畜禽养殖业恶臭污染物的排放应根据其建设时间，按表 13 执行。

表 13　畜禽养殖业恶臭污染物排放标准

控制项目	标准值
臭气浓度（无量纲）	70

426. 在国家标准中，畜禽养殖业污染物排放配套监测方法是什么？

污染物项目的采样点和采样频率应符合国家环境监测技术规范的要求。污染物项目的监测方法按下表执行。

表 14　畜禽养殖业污染物排放配套监测方法

序号	项　目	监测方法	方法来源
1	生化需氧量（BOD_5）	稀释与接种法	GB7488—87
2	化学需氧量（COD_{cr}）	重铬酸钾法	GB11914—89
3	悬浮物（SS）	重量法	GB11901—89
4	氨氮（NH_3—N）	纳氏试剂比色法水杨酸 分光光度法	GB7479—87 GB7481—87
5	总 P（以 P 计）	钼蓝比色法	1）

（续）

序号	项　目	监测方法	方法来源
6	粪大肠菌群数	多管发酵法	GB5750—85
7	蛔虫卵	吐温—80 柠檬酸缓冲液离心沉淀集卵法	2)
8	蛔虫卵死亡率	堆肥蛔虫卵检查法	GB7959—87
9	寄生虫卵沉降率	粪稀蛔虫卵检查法	GB7959—87
10	臭气浓度	三点式比较臭袋法	GB14675

注：分析方法中，未列出国标的暂时采用下列方法，待国家标准方法颁布后执行国家标准。

1）水和废水监测分析方法（第三版），中国环境科学出版社，1989。

2）卫生防疫检验，上海科学技术出版社，1964。

427. 什么是沼气？

沼气是指人畜粪便、秸秆、污水等有机物在密闭的沼气池内，在厌氧条件下，被种类繁多的沼气发酵微生物分解而产生的一种可燃性气体。由于沼气发酵广泛存在于自然界，如湖泊或沼泽中常常可以看到有气泡从污泥中冒出，将这些气体收集起来便可以点燃，所以人们叫它沼气。

428. 沼气的主要成分是什么？

无论是天然产生的，还是人工制取的沼气，都是以甲烷为主要成分的混合可燃气体，其成分不仅取决于发酵原料的种类及其相对含量，而且随发酵条件及发酵阶段的不同而变化。一般情况下，沼气的主要成分是甲烷和二氧化碳。此外，还有少量的氢、一氧化碳、氮、硫化氢等气体。甲烷含量占 50%～70%，二氧化碳占 30%～40%。沼气是无色气体，略有气味是因为含有少量的硫化氢气体的缘故。

429. 沼气的燃烧特性有哪些?

表 15 沼气的燃烧特性

特性参数	CH_4 50% CO_2 50%	CH_4 60% CO_2 40%	CH_4 70% CO_2 30%
密度(千克/米^3)	1.347	1.221	1.095
比重	1.042	0.944	0.847
热值(千焦/米^3)	17 937	21 524	25 111
理论空气量(米^3/米^3)	4.76	5.71	6.67
爆炸极限(%)上限	26.10	24.44	20.13
下限	9.52	8.80	7.00
理论烟气量(米^3/米^3)	6.763	7.914	9.067
火焰传播速度(米/秒)	0.152	0.198	0.243

430. 沼气的性质有哪些?

沼气是一种无色气体，由于它常含有微量的硫化氢(H_2S)气体，所以，净化前，沼气有轻微的臭鸡蛋味，燃烧后，臭鸡蛋味消除。沼气的主要成分是甲烷，因此，它的理化性质也近似于甲烷。

热值：沼气是一种优质燃料，其热值为23 012千焦/米^3(5 500千卡/米^3)，与空气混合燃烧时温度可高达1 200℃。由于沼气灶的热效率约是煤炉灶热效率的3倍，因此，每制取1米^{3}沼气相当于节约3.3千克的原煤。

比重：标准沼气的比重为0.94，比空气轻，在空气中容易扩散，扩散速度比空气快3倍。当空气中甲烷含量达25%～30%时，对人畜有一定的麻醉作用。

溶解度：甲烷在水中的溶解度很小，在20℃，一个大气压下，100单位体积的水中只能溶解3个体积的甲烷。

临界温度和压力：标准沼气的平均临界温度为$-37^\circ C$，平均临界压力为56.64×10^5帕（56.64个大气压）。这个条件非常苛刻，所以，沼气只能用管道输送，不能液化装罐作为商品能源交易。

分子结构与尺寸：甲烷的分子结构是一个碳原子和4个氢原子构成的等边三角四面体，分子量为16.04，其分子直径为3.76×10^{-10}米，约为水泥砂浆孔隙的1/4，因此，沼气池采用复合涂料密封是十分必要的。

燃烧特性：甲烷是一种优质燃料，一个体积的甲烷需要两个体积的氧气才能完全燃烧。空气中氧气占21%，而沼气中甲烷占60%左右，因此，一个体积的沼气需要6～7个体积的空气才能完全燃烧。

爆炸极限：在常压下，标准沼气与空气混合的爆炸极限是8.80%～24.4%；沼气与空气按1∶10的比例混合，在封闭条件下，遇到火会迅速燃烧、膨胀，产生很大的推动力，因此，沼气除了可以做炊事、照明外，还可以用做动力燃料。

431. 沼气发酵的基本条件是什么？

沼气发酵的基本条件包括发酵原料、厌氧活性污泥、消化器负荷、发酵温度、pH、碳氮比、有害物质的控制及均质等。

（1）发酵原料的种类及其碳氮配比　发酵原料的碳氮比：是指原料中有机碳素与氮素含量的比例关系，因为微生物生长对碳和氮有一定要求，其利用速度是20～30倍的关系，因此发酵原料的碳氮比为20～30∶1，或者BOD_5∶N∶P=200∶5∶1为宜。

（2）足够的接种物（微生物量）　厌氧活性污泥是由厌氧消化菌与悬浮物质和胶体物质结合在一起形成的具有很强分解有机物能力的凝絮体，颗粒体或附着膜。厌氧微生物（厌氧活性污泥）是沼气发酵的主体。接种量一般为发酵液10%～50%；当采用老沼气池发酵液体作为接种物时，接种量应占总发酵液的30%以上。

（3）严格的厌氧环境　沼气微生物的核心菌群——产甲烷菌是一种厌氧性细菌，对氧特别敏感，这类菌群的生长、发育、繁殖、代谢等生命活动过程都不需要空气。空气中的氧会使其生命活动受到抑制，甚至死亡。

（4）适宜的发酵温度

高温发酵：50～65℃，最适温度为53±2℃；

中温发酵：20～45℃，最适温度为33±2℃；

近中温发酵：25～30℃；

常温发酵：随自然温度而变化的发酵。

（5）pH　厌氧消化最适宜的pH为6.8～7.4。当pH在6.4以下或7.6以上，都会对厌氧微生物产生不同程度的抑制作用，导致产气减少或中止。

（6）毒性化合物　一般情况下，畜禽养殖场和工厂中的有机废水中常含有消毒和防疫的药物或者重金属等有毒物质，这些有毒物质会抑制厌氧微生物的生长、代谢及繁殖等。

（7）良好的传质　在生物反应器中，有机物分解是依靠微生物的代谢活动而进行，这就要求微生物不断接触新的食料。搅拌（水力搅拌、气体搅拌、机械搅拌）是有效增强传质的手段。

搅拌功能：使微生物与原料充分接触，同时打破分层现象，使活动性层扩大到全部发酵液内，防止沉渣沉淀，破坏浮渣层，保证料温均匀，促进气、液分离。

432. 什么是能源环境工程？

能源环境工程（俗称大中型沼气工程）是以处理工农业有机废水、废气、废渣等“三废”为核心，通过厌氧发酵技术制取沼气，解决环境污染的一种有效的工程模式。

433. 什么是畜禽养殖场能源环境工程?

畜禽养殖场能源环境工程是大中型沼气工程利用的一个方面，它是以处理畜禽粪便和治理环境污染为内容，处于大农业中下游的一项系统工程。该项技术是以厌氧发酵为主要环节，将能源（沼气）生产、高效有机复合肥料生产和污染物的处理有机结合在一起的一种粪便资源化利用的工程模式。

434. 畜禽养殖场能源环境工程建设的意义是什么?

据调查，我国现有大中型奶牛、猪、鸡养殖场约 1 万多家，每天排出大量粪尿及冲洗污水 80 多万吨，是环境的一个主要污染源，其中，除含大量有机质外，还含有一定数量的病菌和虫卵，应进行处理。但目前处理的数量还很有限。主要原因是畜禽养殖场大多离城市较远，污染不易引起人们的重视，进行治理投资较大，集资困难。

目前，全国大中型养殖场进行粪便污水处理的约 20%，其中，采用沼气工程的仅占 5%～10%，绝大多数养殖场都把粪便污水直接排入坑塘或河流，不但污染了周边环境和地下水，而且浪费了资源，还可能造成传染病的传播。有关部门对被污染了的地下水进行化验，细菌总数全部超标，仅大肠杆菌一项指数就超过国家标准几百倍，地下水不能饮用，周边群众被迫无奈只得搬迁，严重影响了养殖业的发展和农民的生活。

根据中国的实践经验，治理畜禽粪便最好的办法是建立厌氧发酵装置，采用高温、中温发酵，也有采用常温发酵的。采用这种技术，不仅可以大大节省处理使用的动力，节约资金，还可以治理环境污染，杜绝传染病的传播渠道。同时可以节约常规能源，变废为宝，产生沼气、沼肥，沼肥用于农业生产，不但可以培肥地力，增加产量，减少化肥和农药的使用量，而且是生产绿色食品的先决条件。研究表明，一头 50 千克以上的猪每天粪便可产生 0.2 米^3 的沼气，一头牛每天的粪便可产生 1 米^3 的沼气，每百只鸡可产生 0.8 米^3 的沼气。由此可见，畜禽粪便资源如果合理利用，是一项具有前景的替代能源。

435. 目前，我国已建成多少处沼气工程？

到 2006 年底，全国共修建沼气工程 17 747 处，总池容为 233.767 万米^3，年产沼气 34 713.264 万米^3。其中，处理工业废弃物的有 272 处，总池容为 44.834 万米^3，年产沼气 12 884.254 万米^3；大型沼气工程 1 228 处，总池容为 80.020 万米^3，年产沼气 11 136.804 万米^3；中型沼气工程 4 050 处，总池容为 59.100 万米^3，年产沼气 6 123.291 万米^3；小型沼气工程 12 197 处，总池容为 49.813 万米^3，年产沼气 4 568.915 万米^3。

这些大中型沼气工程主要分布在福建（3 988）、湖南（3 930）、浙江（3 663）、河南（1 919）、河北（623）、四川（607）、广东（581）、山东（378）、江西（361）、重庆（354）江苏（224）湖北（221）、广西（216）、辽宁（180）等 14 省、自治区、直辖市，达 17 245 处，占全国总量的 97.17%。

436. 大中型沼气工程技术路线选择原则是什么？

根据国家环保总局颁布的《畜禽养殖污染物防治管理办法》的要求，畜禽养殖场污染物防治实行综合利用优先，资源化、减量化、无害化的原则。

（1）我国大中型沼气工程技术路线应遵循资源化、减量化、无害化和生态化的原则。

（2）沼气工程应因地制宜，综合利用。

（3）沼气工程的设计应由有相应设计资质的单位承担。

（4）积极采用先进、可行的技术和设备。

（5）畜禽养殖场污染物的特性及其技术参数，以实际测定数据为准。由于养殖场类别、清粪工艺、管理等差异较大，污水量和水质差异较大，根据饲养量、用水量等参数计算污水水质和水量与实际检测结合使用，以实测为主。

（6）原料中严禁混入有毒、有害污水或污泥。原料为养殖场的粪便和污水。

（7）在具体工艺设计上应进行技术经济比较，择优采用。

（8）沼气工程规模与养殖量相匹配。

（9）沼气工程的产品有沼气、沼渣和沼液。沼气用于炊事或发电等，沼渣作为固体有机肥施用于农田。沼液的出路有两条：一是作为液体有机肥用于附近农田，二是达标排放到周围水体。

437. 沼气发酵工艺是如何分类的？

沼气发酵的工艺分类，从不同的角度有不同的分类方法。大型沼气工程，着重强调工程的运行温度、工程运行的最终目标以及所选用的处理原料，从这三个方面分类。

（1）按发酵温度分类　包括常温（变温）发酵、中温发酵（发酵温度为33±2℃）、高温发酵（发酵温度为53±2℃）。

（2）按工程目的分类　包括能源生态型和能源环保型两类。

（3）按处理原料分类　包括处理食品工业有机废水工程型、处理畜禽粪污工程型和处理其他工业有机废水工程型。

438. 大中型沼气工程的工艺流程是什么？

大中型沼气工程，其工艺构成包括前（预）处理、厌氧消化器（沼气池）、料液的后处理及沼气的净化、储存与输配等。

沼气工程工艺流程如下：

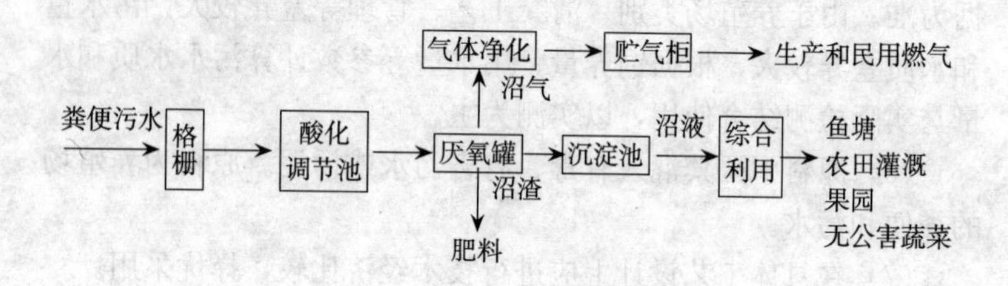

439. 大中型沼气工程一般采用什么发酵工艺？

《规模化畜禽养殖场沼气工程设计规范》(NY/T1222—2006)中，大中型沼气工程一般采用两种主要工艺，一是能源生态型处理利用工艺；一是能源环保型处理利用工艺。

440. 什么是能源生态型处理利用工艺？

即沼气工程周边的农田、鱼塘、植物塘等能够完全消纳经沼气发酵后的沼渣、沼液，使沼气工程成为生态农业园区的纽带。如畜禽粪便沼气工程，首先要将养殖业与种植业合理配置，这样既不需要后处理的高额花费，又可促进生态农业建设，所以，能源生态模式是一种理想的工艺模式。工艺流程为：污水通过管道自流入调节池，在调节池前设有格栅，以清除较大的杂物，人工清出的粪便运至调节池，与污水充分地混合，然后流入到计量池，计量池的容积根据厌氧消化器的要求确定。当以鸡粪为原料时，应在调节池后设沉砂池。粪便的加入点与厌氧消化器类型有关，一般在调节池加入，带有搅拌装置的塞流式反应器也可直接加入到厌氧消化器内。

441. 什么是能源环保型处理利用工艺?

即沼气工程周边环境无法消纳沼气发酵后的沼渣、沼液，必须将沼渣制成商品肥料，将沼液经后处理达标排放。该模式既不能使资源得到充分利用，而且工程和运行费用较高，应尽量避免使用。工艺流程为：污水通过管道自流入调节池，在调节池前设有格栅，以清除较大的杂物，调节池的污水用泵抽入到固液分离机，分离的粪渣用作有机肥料，分离出的污水流入沉淀池，沉淀的污泥进入污泥处理设施，上清液自流入集水池，随后进入酸化池进行酸化处理，处理出水进入厌氧消化器进行厌氧消化，消化后出水进入配水池与圈舍冲洗水等稀污水混合，混合后的污水进入 SBR 池中进行好氧处理，经过氧化塘处理后达标排放。

442. 沼气工程选址原则是什么?

沼气工程的选址应符合养殖场整个生产系统的规划和要求。影响的因素重点应考虑以下几方面：

(1) 经济性　较好的工程地质条件，方便的交通运输和供水供电条件，标高较低处，便于料液自流。

(2) 卫生　满足防疫要求，在畜禽养殖场和附近居民区主导风向的下风向（有机肥厂上风向）。

(3) 安全性　由于沼气是易燃易爆气体，保证有足够的安全距离。

443. 沼气工程的总体布置原则是什么?

(1) 总体布置原则是在满足功能和工艺要求的前提下，布置紧凑，便于施工、运行和管理。

(2) 附属建筑物宜集中布置，并应与生产设备和处理构筑物保持一定距离。

(3) 构筑物的间距应紧凑、合理，并应满足施工、设备安装与维护、安全的要求。

(4) 各种管线应全面安排，避免迂回曲折和相互干扰，输送污水、污泥和沼气管线布置应尽量减少管道弯头，以减少能量损耗和便于疏通。各种管线应用不同颜色加以区别。

(5) 应按现行的城镇燃气设计规范和建筑设计防火规范的要求设置消防通道和灭火设施。

(6) 沼气工程应设围墙（栏），护栏高度不宜低于1.1米。

(7) 沼气工程应有保温防冻措施。

(8) 主要畜禽污水处理设施应设置溢流口、排泥管、排孔阀和检修人孔。厌氧消化器和贮气柜应设有安全窗，确保装置正常运转。

(9) 沼气工程的安全、防爆、防雷与接地参照相关规定执行。

(10) 控制室应有良好的照明，设有监控所有设备运转、故障、程序操作、显示的控制屏（台），操作应具有集中与就地操作的功能。应有紧急状态报警装置。

(11) 配备必要的检测和测量仪器。如用电量、产气量、pH等。

(12) 应充分利用原有地形坡度，达到排水畅通、降低能耗、土方平衡的要求。

444. 大中型沼气工程的前处理包括哪些内容？

前处理系统包括发酵原料的收集和输送，水质、水量、温度、酸碱度的调节，以及固态物质的去除。主要设施有格栅、提升泵、固液分离机、换热器等，以及沉砂池、沉淀池、调节池、酸化池、集料池等。

445. 能源生态型沼气工程前处理的一般规定有哪些？

（1）前处理的目的是将粪便污水调质均化，为厌氧消化产沼气创造条件。

（2）污水进入固液分离机前应通过格栅清除污水中较大的杂物。

（3）以鸡粪为原料时宜设沉砂池。

（4）以牛粪为原料时应有粪草分离装置。

（5）沟渠坡度应确保污水自流入沉砂池或计量池。

446. 能源环保型沼气工程前处理的一般规定有哪些？

（1）前处理的目的是用物理方法尽量清除粪污中的固形物。

（2）污水进入固液分离机前应通过格栅清除污水中较大的杂物。

（3）应在排污后3小时内进行污水的固液分离。

（4）沉淀池应设在固液分离机后。

（5）沟渠坡度应确保污水自流入沉砂池、集水池。

（6）固液分离机是否需要与污水中干物质浓度和污水量有关，当干物质浓度不大于2 000毫克/升和污水量小于50米^3/天时可不用。

447. 沼气工程中格栅的作用是什么？

格栅的作用是清除污水中较大的杂物。污水中常常含有一些较大的杂物，如编织袋等，为了防止泵及处理构筑物的机械设备和管道被磨损或堵塞，使后续处理流程能顺利进行而设置格栅。在排水时应及时清理格栅，以防堵塞。

格栅栅条间空隙宽度、过栅流速和格栅倾角的规定参考城市污水处理厂和粪便处理厂设计规范，结合现有沼气工程的运行经验选取。一般采用人工清理，污水量大时也可使用格栅机。

448. 大中型沼气工程中设置调节池的作用是什么?

调节池有三个作用：一是收集污水，二是贮存一定量的污水，三是对污水有一个均匀的作用，保证后续工序的平衡运行。

养殖场一般每天上下午各冲洗一次，因而调节池最小容积为每天污水量的一半。

449. 固液分离机选用原则是什么?

选用固液分离机时，应遵守下列规定：

（1）应根据被分离物料的性质、流量、脱水要求，经技术经济比较后选用。

（2）污水进入固液分离机的含水率一般不应小于98%。

（3）固液分离机的设置应考虑到废渣的贮存、运输。

450. 厌氧消化器是如何分类的?

厌氧消化器是大中型沼气工程的核心设备，其结构和运行情况是沼气工程的设计重点。厌氧消化器（沼气池）的选择和设计应根据粪污种类、工程类型和工艺路线确定。根据SS含量不同，可分为两类，一类是适用于高SS浓度的厌氧消化器，如升流式固体反应器（USR）、全混合式消化器（CSTR）和隧道式消化器（PFR）。另一类是适用于低SS浓度的厌氧消化器，如升流式厌氧污泥床（UASB）、膨胀颗粒污泥床（EGSB）、内循环厌氧反应器（IC）、折流式反应器、厌氧滤器（AF）、流化床和膨胀床（FBR 和 EBR）等。

451. 厌氧消化器分类标准是什么？

厌氧消化器类型是根据物料在消化器的水力滞留期（HRT）、活性污泥的滞留期（SRT）和微生物的滞留期（MRT）相关性的不同，分为三大类，见表16。

在一定 HRT 条件下，设法延长 SRT 和 MRT，并使微生物与原料充分混合，是厌氧消化器科技水平提高的主要方向。

表16　厌氧消化器类型

类型	滞留期特征	消化器举例
常规型	MRT＝SRT＝HRT	常规消化器、连续搅拌罐、塞流式厌氧接触工艺
污泥滞留型	MRT 和 SRT＞HRT	UASB、USR、折流式、IC、厌氧滤器
附着膜型	MRT＞SRT＞HRT	硫化床、膨胀床

452. 处理畜禽养殖场粪便污水常用厌氧消化器类型有哪些？

畜禽养殖场沼气工程常用的厌氧消化器有隧道式（HCPF）、完全混合式（CSTR）或户用水压式的放大或组合；升流式固体反应器（USR）等。

453. 厌氧消化器设计应符合哪些规定？

（1）根据发酵原料选用适宜的厌氧消化器。

（2）厌氧消化器应设有取样口和测温点。

（3）厌氧消化器在设计上要有防止超正、负压的安全装置及措施。其防止超正、负压力装置的安全范围，应满足工艺设计的压力及池体安全的要求。

（4）厌氧消化器的下部管道凡有阀门处应设计为串联式双阀门，内侧阀门为常开阀门。

（5）池体侧面下部应设有检修人孔、排泥管（其管径不小于100毫米），人孔中心与池外地平的距离不大于1米，直径不宜小于600毫米。

（6）厌氧消化器必须达到抗渗和气密性要求，并应采取有效的防腐蚀措施和保温措施。

（7）厌氧消化器应设有沉降观测点。

454. 我国畜禽养殖实际冲洗水用量是多少？

猪：5～12升/（头·天）（干清粪），10～20升/（头·天）（水冲洗）。

奶牛：50～100升/（头·天）（干清粪），100～300升/（头·天）（水冲洗）。

肉牛：25～50升/（头·天）（干清粪）50～200升/（头·天）（水冲洗）。

鸡：0.5～0.7升/（只·天）。

455. 什么是常用原料产气率？

原料产气率是指单位原料在一定条件下的产气量。原料产气率是衡量原料分解好坏的一个重要指标。农村沼气原料产气率的单位通常用“$米^3$/千克（TS）”来表示。原料产气率有理论值、实验值和生产运行值三类。

表 17 常用农业废弃物的原料产气量生产值

原料种类	秸秆	牛粪	马粪	猪粪	人粪	鸡粪
产气量（米^3/千克）(TS)	0.20～0.35	0.20～0.25	0.20～0.25	0.25～0.30	0.25～0.30	0.30～0.35

注：发酵温度低时取低值，发酵温度高时取高值。

456. 什么是户用水压式沼气池或组合池？

该沼气池是小型水压式沼气池的放大或组合，无搅拌装置，原料在池内呈自沉淀状态，一般分为 4 层，从上到下依次为浮渣层、上清液层、活性层和沉渣层，其中厌氧消化活动旺盛的场所只限于活性层内，因而效率较低。

457. 户用水压式沼气池或组合池特点是什么？

（1）组合了户用沼气池的圆、小、浅和印度戈巴式沼气池的优点，由 3～5 个沼气发酵单元连接而成。

（2）不占地表面积，适用于常年地温在 10℃ 以上的地区。如果在北方地区，应另外增加保温措施。

（3）无动力或微动力运行，逐级沼气发酵，使污染物得到无害化和减量化处理。

458. 什么是推流式厌氧消化池（隧道式）？

推流式厌氧消化池是一种隧道式的非完全混合厌氧消化器。高浓度悬浮固体原料从一端进入，从另一端流出，原料在消化器的流动主要依靠卧式推进搅拌器推移。在进料前端呈现较强的水解酸化，甲烷的产生随着出料方向的流动而增强。为减少微生物的冲出，在消化器内有的设置了挡板，以增长流程，提高运行稳定性。

459. 推流式厌氧消化池（隧道式）的优点有哪些？

（1）不需要搅拌装置，结构简单，能耗低；

（2）适用于中、高 SS 的废水处理；

（3）管理方便，故障少，运行费用低。

460. 推流式厌氧消化池（隧道式）的缺点有哪些？

（1）固体物可能沉淀于底部，影响反应器的有效体积，使 HRT 和 SRT 降低；

（2）该体系进料端缺乏接种物，所以需要出水或污泥再循环回流；

（3）因该消化器面积/体积比值大，难以保持一致的温度，效率较低；

（4）易产生浮渣结壳和沉渣。

461. 什么是全混合式（CSTR）厌氧消化池？

全混合式（CSTR）厌氧消化池是当前用于较多的消化器，在该反应器里原料的进入和流出处于动态平衡状态，并且发酵液中的液体、固体和微生物处于混合状态，出水有机物浓度与反应器内料液浓度相等。

462. 全混合式（CSTR）厌氧消化池的优点有哪些？

（1）适用于高浓度、高悬浮物以及难降解有机废水的处理；

（2）消化器内底物均匀分布，增加了底物与微生物的接触机会；

（3）消化器内温度分布均匀；

（4）进入消化器内的任何一点的抑制物质，会迅速分散，并保持在最低水平，具有一定的抗冲击负荷能力；

（5）避免了堵塞、沟流和气体逸出不畅现象。

463. 全混合式(CSTR)厌氧消化池的缺点有哪些?

（1）由于该消化器无法做到使 SRT 和 MRT 在大于 HRT 的情况下运行，故所需消化器容积较大；

（2）要有足够的搅拌，消耗一定的能量；

（3）出水底物浓度与反应器内底物浓度相等，底物流出时有部分有机物未完全消化，部分微生物菌种也随出料而流失。

464. 沼气工程的后处理有哪些形式?

后处理方式有两种主要形式，一种是沼气工程的厌氧出水进贮液池后作液态有机肥用于农田，这种处理方式就是能源生态式处理工艺；另一种是厌氧出水进一步处理后达标排放或回用，这种处理方式就是能源环保式处理工艺。

465. 大中型沼气工程如何采取加热保温措施?

为了加快大中型沼气工程粪污处理速度，提高沼气产量，减少处理时间，节省工程投资，大中型沼气工程一般都采取增温保温措施。

（1）对采取中温（或高温）发酵的厌氧消化器加热，宜采用蒸汽直接加热，蒸汽通入点宜在计量池内，也可以采用厌氧消化器外热交换或池内热交换。对大型消化器也可将几种加热方法结合使用。

（2）对采用常温发酵的厌氧消化器应保证池内料液温度不低于 12℃。当料液温度不够时，宜采用蒸汽直接加热，蒸汽通入点宜在集水池内，也可采用厌氧消化器外热交换或池内热交换。

（3）厌氧消化器应有有效的保温措施，宜采用外保温。

466. 沼气工程应用模式有哪些？

生态型：粪便及其污水合流入沼气发酵系统；要求种、养科学规划、合理匹配建设；沼液首选还田利用。

综合利用型：热、电、肥联产，达到能量高效转化、资源循环利用，提高沼气工程常年运行的稳定性和财务生存能力。

环保型：清、浊分流治理，降低运行成本，寻求低成本的达标处理技术（湿地、氧化塘、SBR 等）。

467. 沼气净化包括哪些内容？

沼气中含有一定量的硫化氢，有较大的腐蚀性，厌氧消化后产生的沼气应首先进行脱硫、脱水、脱杂质等的净化工序。

沼气净化系统包括：气水分离器、砂滤、脱硫装置等。

经过净化系统处理后的沼气质量指标，应符合下列要求：甲烷含量 55%以上；硫化氢含量小于 20 毫克/米^3。

468. 为什么要进行沼气净化？

①沼气从厌氧发酵装置中产出时，携带大量的水分，特别是在中温或高温发酵时，沼气具有较高的湿度。一般来说，1 米^3 干沼气中饱和含湿量，在 30℃时为 35 克，而到 50℃时则为 111 克。

②当沼气在管路中流动时，由于温度、压力的变化露点降

低，水蒸气冷凝增加了沼气在管路中流动的阻力，而且由于水蒸气的存在，还降低了沼气的热值。

③水与沼气中硫化氢共同作用，会加速金属管道、阀门及流量计的腐蚀或堵塞。

④沼气中燃烧后生成二氧化硫，它与水蒸气结合成亚硫酸，使燃烧设备的低温部位金属表面产生腐蚀。

⑤硫化氢、二氧化硫等会造成大气环境的污染，影响人体健康。

469. 沼气脱水的方法有哪些？

(1) 气水分离器法：为了满足氧化铁脱硫剂对湿度的要求，对高温、中温发酵产生的沼气进行适当的降温，采用重力法，利用气水分离器将沼气中的部分水蒸气脱除。

(2) 集水器法：在输送沼气的管路的最低点设置集水器，将管路中的冷凝水排除。冷凝水集水器有自动排水和人工排水两种。

470. 沼气贮气柜容积是如何确定的？贮气柜设计有哪些要求？

(1) 沼气贮存系统包括：贮气柜、流量计等。贮气柜形式有低压湿式贮气柜、低压干式贮气柜和高压贮气罐。

(2) 贮气柜容积应根据沼气的不同用途确定：

①沼气主要用于炊事时，贮气柜的容积按日产量的50%～60%设计。

②沼气作为炊事和发电（或烧锅炉）各占一半左右时，贮气柜的容积按日产气量的40%设计。

③沼气主要用于烧锅炉、发电等工业用气时，应根据沼气供求平衡曲线确定贮气柜的容积。

（3）贮气柜贮气压力　根据GB50028—1993和贮气柜形式确定贮气柜的贮气压力。沼气用具前的沼气压力应是其额定压力的2倍。

（4）贮气柜必须设有防止过量充气和抽气的安全装置。放空管应设阻火器。阻火器宜设在管口处。放空管应有防雨雪侵入和杂物堵塞的措施。

（5）湿式贮气柜水封池采用地上式，尽量避免地下式。当采用地下式时，应设置排水放空设施。建筑材料一般为钢板或钢筋混凝土。

（6）湿式贮气柜应设置上水管、排水管和溢流管；钟罩应设置检修人孔，直径不小于600毫米，钟罩外壁应设置检修梯。

（7）当湿式贮气柜钟罩与水封池均为钢板制造时，须做防腐处理，采用环氧沥青、氯化聚乙烯涂料、聚丁胶乳沥青涂料等防腐材料。

（8）贮气柜安全防火距离（采用城市煤气标准）：

①干式贮气柜之间的防火间距应大于较大贮气柜直径的2/3，湿式贮气柜之间的防火间距应大于较大贮气柜直径的1/2。

②贮气柜至烟囱的距离，应大于20米。

③贮气柜至架空电缆的间距，大于15米。

④贮气柜至民用建筑或仓库的距离，应大于25米。

（9）沼气贮气柜出气口处应设阻火器。

（10）沼气计量　沼气流量计应根据厌氧装置最大每小时产气量选择。

表18　沼气流量计选择表

小时产气量	流量计类型
户内	皮膜表
20～30 米^3	膜式流量计
＞30 米^3	腰轮（罗茨）流量计、涡轮流量计等

471. 大中型沼气工程后处理包括哪些内容？

大中型沼气工程后处理有两种方式，一种是沼气工程的厌氧出水进贮液池后作为液态有机肥用于农田；另一种是厌氧出水进一步处理达标排放或回用。

（1）厌氧出水后作为农田有机肥时可只需进行简单的固液分离，去除掉其中较大的固形物即可。

（2）出水后达标处理的主要工艺：①好氧处理系统；②稳定塘；③好氧处理系统＋稳定塘；④其他处理方法，如膜分离法、人工湿地等。

（3）好氧处理系统：

①畜禽粪水中的氮、磷含量较高，好氧处理应选择有较高脱氮除磷能力的工艺，如 SBR、氧化沟等；有关设计参数、设施和设备参考 GBJ14—1997 的相关规定。

②充分利用土地处理系统，减少运行费用。

（4）好氧塘、兼性塘、水生植物塘：以下数据主要参考稳定塘设计规范。

①好氧塘、兼性塘水生植物塘可用于处理“能源环保型”沼气工程的好氧出水或厌氧出水，用于去除污水中的氨氮和有机物。

②水生植物塘主要有凤眼莲等。

③好氧塘、兼性塘：当用于后续处理时，主要作用是去除水中的氮、磷等。

472. 大中型沼气工程采用何种材料为好？

目前，中国的大中型沼气工程大多以钢筋混凝土为材料，施工工期长，占地面积大，质量难以控制，致使一些工程因施工质量不合格而不能正常运行。近年来，中国杭州能源环境技术公司与德国利浦合作，应用利浦—双折边、咬口工艺，通过专有技术设备，将2～4毫米厚的复合薄钢板制成100～5 000米^{3}的利浦池或罐，罐体自重仅为混凝土罐的10%，钢材消耗与普通钢罐相比，节省钢材30%，施工周期比相同规模的混凝土罐缩短一半，造价低15%以上。而且耐腐蚀、不需要保养、使用寿命长。

473. 大中型沼气工程工艺参数有哪些？

（1）发酵温度：沼气发酵温度范围一般在10～60℃之间，温度对沼气发酵的影响很大，温度升高沼气发酵的产气率也随之提高，通常以沼气发酵温度区分为常温发酵、中温发酵和高温发酵。禽养殖场处理粪便污水采用中温发酵的较多，工程造价也较合理。

常温发酵工艺：常温发酵工艺是指在自然温度下进行的沼气发酵，发酵温度受气温影响而变化，农村户用沼气池基本上采用这种工艺。其特点是发酵料液的温度随气温、地温的变化而变化。一般料液温度最高时为25℃，低于10℃以后，产气效果很差，发酵周期长，需要有较大的发酵池，工程造价较高，产气率随温度变化较大，供气不稳定。一般情况下，产气率为0.2～0.3米^3/（米^3·天）。

中温发酵工艺：中温发酵工艺指发酵料液温度维持在33±2℃的范围内，发酵周期较短，处理粪便污水的能力较强，需要发酵池容积相对较小，产气速度较快，产气稳定，产气率一般在0.8～1米^3/（米^3·天）。也可以采用发酵温度在25～30℃的近中温发酵。这种工艺需要采取增温保温措施。

高温发酵工艺：高温发酵工艺指发酵料液温度维持在53±2℃的范围内。该工艺的特点是有机物分解快，产气率高，发酵周期短，处理粪便污水的能力强，需要发酵池小，产气率为1.5～2米^3/（米^3·天）。高温发酵工艺适宜在有余热可利用的工程中。

（2）发酵料液的酸碱度：沼气发酵是在中性条件下的厌氧发酵，最适宜酸碱度为6.8～7.4之间，6.4以下7.6以上都对产气有抑制作用。酸碱度在5.5以下，产甲烷菌的活动则完全受到抑制。

（3）发酵料液浓度：发酵料液在沼气池中要保持一定的浓度，才能正常产气运行，如果发酵料液中含水量少，发酵浓度过大，就容易酸化，发酵受到抑制；如果发酵料液中含水量多，发酵浓度过稀，有机物少，产气量也少。最适宜的发酵浓度一般在6%～10%之间。沼气池初始启动时，浓度要低一些，一般在4%～6%之间。沼气池在正常运行过程中，温度高时浓度可适当低一些；温度低时，浓度可适当高一些。

（4）接种物：为了加快沼气发酵启动的速度和提高沼气产量，要向沼气池中加入接种物。在沼气池启动时，要将收集来的沼渣、沼液，粪坑里的黑色沉渣、塘泥，污水沟的污泥以及食品厂、酒厂、屠宰场的污水、污泥等与发酵原料混合均匀，一同加入沼气池，接种物要达到发酵原料的10%～30%为宜。

474. 沼气工程设计有哪些要求？

根据确定的沼气工程建设方案，进入项目初步设计和施工图设计阶段。施工图的设计将直接影响工程的投资，是施工的依据，对项目建成后的使用价值起决定性的作用，因此必须引起足够的重视。对设计的管理，当缺乏经验时，选择有设计经验和有设计资质的单位是一条简单而有效的途径。其主要任务是：在满足质量及其功能要求的前提下，不超过计划投资，并尽可能地节约投资；按质、按量、按时要求提供施工图设计文件；使项目的质量在符合现行规范和标准的前提下，满足业主所要求的功能和使用功能。

475. 沼气工程施工管理有哪些要求？

（1）招标和投标：当完成施工图设计后，进入施工管理阶段。选择施工队伍和确定工程造价是施工管理阶段的首要任务。施工队伍的选择一般采用公开招标的形式，也可以采用邀标或议标的形式。由于沼气工程具有其特殊性，所以，国内大中型沼气工程一般采用“交钥匙工程”的承包形式，即建设单位仅提供工程项目的使用要求，而将设计、监理、设备采购、工程施工、试车验收等全部工作都委托一家承包商去完成，竣工后培训用户后交付使用。

（2）工程监理：对大中型沼气工程，应采用工程监理参与工程施工管理，这不仅包括政府的建设监理，同时也包括社会建设监理。政府建设监理是政府主管建设的有关部门对建设工程项目的全过程依法监督和管理，对于被管理者来说，只能是强制性的，必须接受。社会监理是指社会监理单位受建设单位委托，对工程建设全过程或某一阶段实施监理。根据合同，具体组织管理和监督工程建设活动，在工程实施阶段控制投资、质量和进度，并维护建设单位和施工单位双方的合法权益。

（3）施工流程：在大中型沼气工程建设中，施工计划的组织实施是相当重要的一环。一般情况下，组织施工的次序安排如下：集水、沉砂池土建施工（与此同时进行厌氧菌的富集），厌氧发酵罐的施工，贮气柜水封池的施工，贮气钟罩的施工，其他附属设施的施工，电气、管网、防腐、设备安装等施工。

（4）质量管理：质量管理的重点是厌氧发酵罐施工质量、贮气柜施工质量和工艺管道施工质量等。

①厌氧发酵罐质量控制要点：基础强度与均匀沉降控制，钢

筋混凝土强度和防水等级控制，罐内径和高度控制，各预埋工艺管及孔洞的位置、防渗量、大小和高程的控制，防水粉刷层施工控制，三相分离器各组件间隙的控制，布水器各布水点高程的控制，溢流槽水平度的控制，施工安全控制等。

②基础强度：均匀沉降控制，钢筋混凝土和防水等级控制，罐内径和垂直度控制，防水粉刷层施工控制，各预埋工艺管大小和高程（特别是进出沼气管，应注意管子的坡向，坡向池外，坡度不小于1%）的控制，进出沼气管道的高程控制，钟罩的直径、高度和垂直度的控制，钟罩的防腐施工控制，钟罩升降试验与气体置换的控制，施工安全控制等。

③管道坡向及坡度的控制、阀门方向控制、埋地管道的基础沉降控制、管道连接气密性和水密性控制、与管道相连的设备安装控制、管道支架强度与高程控制、气密性和强度试验控制、管道吹扫和管道气体置换时的质量和安全控制。

476. 沼气工程施工前应具备哪些条件？

（1）设计及其他技术文件齐全，并经过会审。

（2）施工单位已配合设计单位、建设单位，结合施工技术装备及施工工艺编制完成施工组织设计。

（3）材料、施工力量、机具等能保证正常施工。

（4）施工现场及施工用水、用电等临时设施，能满足施工的需要。

（5）在施工区域内，如有妨碍施工的已有建筑物或构筑物、沟渠、管线、电杆等，应在施工前会同有关单位协商处理解决。

（6）沼气工程涉及的专业较多，施工中各专业、各工种应密切配合，互相协调。在施工过程中应做好质量检验评定，确保工程质量。

（7）沼气工程施工的安全技术、劳动保护、防火、环境保护等应遵守国家和地方颁布的有关规定。

477. 沼气工程施工有哪些基本要求?

（1）沼气工程必须按设计要求和施工图纸进行施工，变更设计应有设计单位的修改通知或签证。

（2）沼气工程所使用的主要材料、设备、仪表、半成品及成品等应有技术质量鉴定文件或产品合格证明书。

（3）承建沼气工程施工的单位，必须具有主管部门批准或认可的施工许可证。

（4）符合沼气工程施工前应具备的条件。

478. 大中型沼气工程的验收由哪些人员组成?

大中型沼气工程的施工验收应由施工单位提出申请报告，由建设单位邀请设计单位和其他单位的同行、专家、施工单位的上级主管部门的技术领导，使用单位技术负责人，以及施工合同书中明确的公证处代表等组成验收组。验收组长应由具有技术水平及丰富实践经验的技术人员承担，验收组下设技术资料审查组和测试组。

479. 大中型沼气工程的验收内容有哪些?

大中型沼气工程验收包括内业验收和外业验收两项。

（1）内业验收：内业验收的内容是施工单位交付的技术文件及资料，包括：

①由设计单位提出的全部设计图纸和设计变更通知单。

②由设计、建设、施工三方有关技术人员参加的设计图纸会审记录。

③各单项工程，特别是隐蔽工程的材质、规格、型号和施工验收记录。

④各类建筑材料、产品的出厂合格证及材料的试验报告单，产品、设备、仪器、仪表的技术说明书和合格证。

⑤砂浆、混凝土的实验室配合比报告单。

⑥沼气管路的施工及打压记录。

⑦施工单位的施工组织设计。

⑧重大施工方案的重要会议记录。

（2）外业验收：外业验收是对大中型沼气工程进行分步分项工程验收，内容包括：

①发酵罐及附属工程的土方工程、钢筋工程、混凝土工程、砌筑工程、钢结构工程、附属装置等验收按国家的有关标准、规范执行。

②贮气罐注水试验，检查是否漏气、漏水。用肥皂水检查气密性；进行升降试验，检查滑轮与导轨接触是否合格，安全限位装置是否好使等。

③管道的埋深、坡度、防腐、施工工艺、气密性、仪器仪表的安装等的验收。

④工程综合试运转。

480. 沼气工程的验收程序是什么？

（1）审查设计图纸及有关施工安装的技术要求和质量标准。

（2）审查管道、阀门、设备、建材的出厂质量合格证书，非标设备加工质量鉴定文件，施工安装自检记录文件。

（3）工程分项外观检查。

（4）工程分项检验与试验。

（5）工程综合试运转。

（6）返工复检。

（7）工程竣工验收合格证书签署。

481. 大中型沼气工程如何启动？

厌氧消化器的启动是指一个厌氧消化器从投入接种物和原料开始，经过驯化和培养，使消化器中厌氧活性污泥的数量和活性逐步增加，直至消化器的运行效能稳定达到设计要求的全过程。

（1）接种物：用于厌氧消化器启动的厌氧活性污泥叫接种物。接种物可从正在运行的消化器中取得，也可以从畜禽场、酒厂的污水排放沟中取得。接种物的多少没有统一规定，通常接种物用量取发酵器体积的10％～30％。

（2）启动的基本方式：无论是哪种类型的消化器，其启动方式可分为两种。一种是将接种物和首批料液投入消化器后，停止进料几天，在料液处于静止状态下，使接种污泥暂时聚集和生长，或者附着于填料表面。待大部分原料被分解去除时，即产气高峰过后，料液的酸碱度在7.0以上，或产气中甲烷含量在55％以上时，再进行连续投料或半连续投料运行。另一种方式是试车后保留一定量的清水于消化器内，即开始进行半连续投料和连续投料。总之，无论采用哪种方式启动，都应注意酸化与甲烷化的平衡，防止发酵液的酸碱度降至6.5以下。必要时可加入一些石灰水，使发酵液的酸碱度保持在6.5以上。

（3）启动故障的排除：启动过程中，最常见的故障是负荷过高引起的发酵液酸化。排除方法是首先停止进料，待酸碱度恢复正常后，再以较低的负荷开始进料。如果发现pH降至5.5以下，单靠停止进料难以奏效时，应添加石灰水、碳酸钠或碳酸氢铵等碱性物质进行中和。同时可排除部分发酵液，再加入一些接种物，达到稀释、补充缓冲性物质及活性污泥的作用。

482. 沼气工程启动调试需要准备哪些工作?

工程启动调试应在工程竣工验收合格后进行，同时还应做好下列准备工作：

（1）检查各处理构筑物和设施内的杂物是否清除干净；

（2）所有要求气密性的装置（厌氧消化器、贮气罐、脱硫设备、气水分离、水分及阻火器等）应进行试水和气密性试验，并合格。

（3）检查各类管道、阀门和设备是否清理、疏通，并已处于备用状态。

（4）对水泵、电机、加热装置、搅拌装置、气体收集系统以及其他附属设备等应进行单机试车和联动试车。

（5）各种仪表已经完成了校正。

（6）沼气发酵原料的准备（量和质的检查）。

（7）制定出启动调试方案，并对沼气工程的运行管理人员、操作人员、维修人员及安全管理人员已完成了技术培训。

（8）监控室及设施、设备附近的明显部位，已张贴必要的工作图表、安全注意事项、操作规程和设备运转说明等。

483. 启动调试要点有哪些?

（1）启动初期，低负荷投料，对于高浓度或有毒废水要进行适当稀释，并在启动过程中稀释倍数逐渐减小。

（2）每次提升负荷时，都应在有机物（COD）去除率达到80%后进行，并注意适当增加投料量。

（3）经常检测 pH、挥发酸、总碱度、温度、气压、产气量和沼气成分等。

（4）启动过程中应用氮气或沼气将厌氧消化器、输气管路及贮气罐内的空气置换出去。

484. 厌氧消化器的维修和安全管理有哪些要求？

沼气池及所有附属机械设备、计量仪表和电器，除临时性维修外，应分别制定大修周期。沼气池每隔 3～5 年清扫检修一次。检修前，做好存放污泥的池子，以便检修后及时将污泥送回沼气池内，缩短大修后的启动时间。大修时应将污水、污泥、浮渣和底部泥沙清扫干净，进行防腐、防渗、防漏处理，最后按沼气池试漏规定验收合格后，才能重新投料运行。

检修时应特别注意安全。

（1）检修人员进池之前，必须打开所有孔口，用鼓风机连续吹入新鲜空气 24 小时以上，测定池内空气中甲烷、硫化氢和二氧化碳的含量合格并用小动物进行检验后方可入内，确保操作人员安全。

（2）检修人员进池应戴防毒面具，戴好安全帽，系上安全带及安全绳，池外必须有人监护，整个检修期间不得停止鼓风。

（3）池内所用照明用具和电动工具必须防爆。如需明火作业，必须符合防火要求，同时要有应急措施。

（4）有条件时，应配备有毒气体及可燃气体检测器，以保证人身绝对安全。

485. 大中型沼气工程安全生产有哪些要求？

（1）制定安全生产规程及防火措施，形成规章制度，张贴在沼气站醒目的地方。

（2）“严禁烟火”、“闲人免进”的警示牌要挂在站内重要的防火区或外来人出入的场所。

（3）沼气站内必须设有消火栓和消防器材，并指定专人管理。

（4）沼气站要设有专职的或固定的兼职安全员，定期检查安全生产和防火制度的执行情况，督促检查及时消除不安全因素的隐患。

（5）沼气生产设备顶部应装有安全阀、安全窗。沼气输气管道应装有阻火器和冷凝水排水装置。在用户端安装沼气净化器。

（6）沼气阻火器采用不锈钢细丝网制成的球状或滚筒形，装入输气管道起阻火作用。

（7）冷凝水排水器应安装在管路的最低点，便于排水；为了操作方便，将阀门安装在管道井内；在管路的适当位置安装伸缩节或设置膨胀弯，以防热胀冷缩损害管路。

486. 沼气站防火防爆有哪些要求？

（1）沼气中的甲烷比空气轻，是易燃易爆气体，容易着火，与空气或氧气混合达到一定比例时，就成为一种易爆炸的混合气，遇到明火就会发生爆炸；空气中含甲烷25%～30%时，对人畜会产生一定的麻醉作用。要求贮存或输送沼气的罐体和管道周围，有良好的通风措施。

（2）有爆炸危险的房间，门窗应向外开启，设计有足够的泄爆系数，室内应设有可燃气体报警装置，并与排风装置开关连锁。

（3）沼气站内的电器开关，必须具有防爆设施或安装防爆电器。

（4）沼气站应安装避雷装置，接地电阻小于或等于10欧姆。

487. 沼气工程运行管理基本要求有哪些？

（1）运行管理人员必须熟悉沼气工程工艺和设施、设备的运行要求及各项技术指标。

(2) 操作人员必须熟悉本岗位设施、设备的运行要求和技术指标，并了解沼气工程工艺流程。

(3) 操作人员应按时准确地填写运行记录。运行管理人员应定期检查原始记录。

(4) 运行管理人员和操作人员应按工艺和管理规定巡视检查构筑物、设备、电器和仪表的运行情况。

488. 沼气工程运行管理要点有哪些？

(1) 投料量和运行周期应按工艺设计参数进行，并在实践中摸索出最佳参数。

(2) 维持相对稳定的厌氧消化温度。

(3) 厌氧消化器的搅拌（循环）应根据工艺要求进行（连续或间隙）。采用沼气搅拌的，在启动期间或产气量不足时，应辅以机械或泵等其他方式搅拌。

(4) 厌氧消化器的搅拌不得与排泥同时进行。

(5) 宜每日监测 pH、挥发酸、总碱度、温度、气压、产气量和沼气成分等指标。掌握厌氧消化池运行工况，并根据监测数据及时调整运行方案或采取相应措施。

(6) 厌氧消化器内的污泥浓度维持在 40%～60%为宜。污泥过多时，应进行排泥；过少时，可以将贮液池底部污泥进行回流。

(7) 厌氧消化器排泥时，应将消化器与贮气罐连通，避免形成负压。

(8) 厌氧消化器溢流管必须保持畅通，并保持其规定的水封高度（应经常检查）。

(9) 充分利用沼气。剩余的沼气应通过沼气燃烧器燃烧后排入空气中。

（10）湿式贮气罐水封池内的水封液应满足设计要求。定期检查水封高度（特别是夏季应及时补充清水）；冬季气温低于0℃时应采取防冻措施。

（11）贮气罐水封槽内水的pH，应定期测定，当pH小于6时，应换水。

（12）输气管道内的冷凝水应定期排放，排水时应防止沼气泄漏。

（13）脱硫装置中的脱硫剂应定期再生或更换，冬季气温低于0℃，应采取防冻措施。

（14）发现运行异常时，应采取相应措施，及时上报并记录后果。出现操作人员正常工作范围之外或不能解决的问题，如断电、设备出故障、构筑物破损、管道及阀门泄漏、产气量或厌氧消化装置污泥流失的异常现象，应在采取力所能及措施的同时，及时向主管部门汇报，组织维修，予以解决。记录后果，以便分析查找原因。

489. 沼气工程维护保养检修制度有哪些？

日常保养：属于经常性工作，由操作人员负责。

定期维护：属于阶段性工作，由维修人员负责。

大修理：属于恢复设施、设备原有技术状态的检修工作，由专业检修人员负责。

490. 沼气工程维护保养重点有哪些？

（1）定期检查贮气罐、沼气管道及闸阀是否漏气。厌氧消化器、各种管道及闸阀每年应进行一次检查和维修。

（2）厌氧消化器的各种加热设施应经常除垢、检修和维护。

（3）当采用热交换器加热时，管路和闸阀处的密封材料应定期更换。

（4）搅拌系统应定期检查维护。

（5）寒冷地区冬季应做好设备和管道的保温防冻；贮气罐、溢流管、防爆装置的水封应有防止结冰的措施。

（6）厌氧消化器、贮气罐运行5年宜清理、检修一次。

（7）湿式贮气罐的升降装置应经常检查，添加润滑油。

（8）沼气报警装置应每年检修一次。

491. 沼气工程存在哪些安全隐患？

沼气有毒性、腐蚀性和易燃性。

沼气工程存在的危险：一般受伤、机械损伤、传染病、窒息、中毒、火灾、爆炸。

492. 沼气火灾、爆炸危险性包括哪些内容？

当空气中甲烷含量在5%～15%范围时，遇明火或700℃以上的热源即发生爆炸。

当甲烷与2倍以上的氧气混合时，遇明火或其燃点以上的热源时，即开始燃烧，并引易起火灾。

493. 防止沼气中毒包括哪些内容？

正常状态下，空气中的二氧化碳含量为0.03%～0.1%，氧气为20.9%。

当空气中的二氧化碳含量增加到1.74%时，人的呼吸就会加快、加深，换气量比原来增加1.5倍；当空气中的二氧化碳含量增加到10.4%时，人的忍受力最多坚持到30秒；当空气中的二氧化碳含量增加到30%左右，人的呼吸就会受到抑制，以致麻木死亡。

当空气中的氧下降到12%时，人的呼吸就会明显加快；氧气下降到5%时，人就会出现神志模糊症状。

如果人们从新鲜的环境里，突然进入含氧量只有4%以下的环境，40秒钟内就会失去知觉，随之停止呼吸。在沼气池内，只有沼气，没有氧气，且二氧化碳含量又占沼气的35%～45%。所以进入沼气池维修前一定要将池内的余气排空，并经测试合格后方可进入。

如果沼气池里又有含磷的发酵原料，还会产生剧毒的磷化三氢气体，这种气体会使人立即死亡。

494. 沼气工程安全生产包括哪些内容？

（1）定期检查沼气管路系统和设备是否漏气，如发现漏气，应迅速停气检修。

（2）厌氧消化器运转过程中，不得超过设计压力或形成负压。

（3）严禁随便进入具有有毒、有害的厌氧消化器、沟渠、管道、地下井室及贮气罐。需进入时，必须采取安全防护措施（通风、动物安全试验、安全带、救护措施）。

（4）操作人员在维护、启闭电器时，应按电工操作规程进行。

（5）维护保养有机械部件的设备时，应采取安全防护措施。

（6）产沼气后，站内严禁烟火，严禁铁器工具撞击和电气焊操作，操作人员不得穿带铁钉的鞋子。

（7）贮气罐因故需放空时，应间歇释放，严禁将贮存的沼气一次性排入大气。放空时应选择天气，在可能产生雷雨或闪电的天气，严禁放空。放空时，应注意下风向有无明火或热源（如烟囱）。

(8) 严禁在贮气罐低水位时排水。

(9) 工作人员上贮气罐检修或操作时，严禁在罐顶板上走动。

495. 沼气贮存方式包括哪些？

贮存沼气有低压湿式贮气柜、低压干式贮气柜和高压贮气罐三种方式。

496. 沼气泄漏如何处理？

(1) 迅速关闭气阀，切断气源，立即切断室外总电源，熄灭一切火种，打开门窗通风，让沼气自然散发出室外。

(2) 应迅速疏散人员，阻止无关人员靠近。

(3) 到户外拨打抢修电话，通知专业人员到现场处理。如事态严重应拨打“119”火警电话报警。

(4) 切勿触动任何电器开关（如照明开关、门铃、排风扇等)、切勿使用明火、电话，切勿开启任何燃具，直到漏气情况得到控制和室内无沼气为止。

497. 沼气中毒的现场急救方法有哪些？

(1) 应尽快让中毒者离开中毒环境，并立即打开门窗，流通空气。

(2) 中毒者应安静休息，避免活动后加重心和肺负担及氧的消耗量。

(3) 有自主呼吸的中毒者，给氧气吸入。

(4) 神志不清的中毒者，必须尽快抬出中毒环境，在最短的时间内检查病人呼吸、脉搏、血压情况，根据这些情况进行施救处理。

（5）呼吸心跳困难的中毒者，应立即进行人工呼吸和心脏按压，同时呼叫120急救服务中心。

（6）病情稳定后，将中毒者护送到医院进一步检查治疗。

（7）中毒者尽早进行高压氧舱治疗，减少后遗症。即使是轻度和中度中毒者，也应进行高压氧舱治疗。

498. 安全用气包括哪些内容？

（1）用气前应仔细阅读《沼气安全服务指南》，掌握安全常识、燃气设施使用及维护常识。

（2）连接燃气灶具的软管应在灶面下自然下垂，且保持10厘米以上的距离，以免被火烤焦酿成事故。注意经常检查软管有无松动、脱落、龟裂变质。

（3）在有可能散发沼气的建筑物内，严禁设立休息室。

（4）公共建筑和生产用气设备应有防爆设施。

（5）沼气贮气罐的输出管道上应设置安全水封或阻火器，大型用气设备应设置沼气放散管，严禁在建筑物内放散沼气。

（6）用户应遵守以下规定：严禁在厨房和有沼气设备的房间睡人；禁止乱拉、乱接软管；严禁私自拆、装、移、改沼气管道；不要将沼气管道作为电线的接地线；沼气灶具、气表、热水器周围不得堆放易燃、易爆物品；不能将室内沼气管道、气表等包裹封在室内装饰材料内。

499. 沼气工程消防要求有哪些？

（1）厌氧消化器、贮气罐以及安装有沼气净化、沼气加压、调压等设备的封闭式建（构）筑物的防火、防爆，应符合国家现行规范规定，且不低于“二级”。

（2）建筑物门、窗应朝向外开设置。

（3）沼气生产、净化、贮存区域应严禁明火，地面应采用不会产生火花的材料。沼气工程的生产、净化、贮存宜集中在一个相对封闭的沼气生产区域内。沼气站址应设置在远离居民居住区、村镇、工业企业和重要公共建筑的地区。

沼气站内厌氧消化器和其他生产构筑物之间以及厌氧消化器之间的防火间距不限，但地上式构筑物之间距离不宜小于 4 米。

表 19　贮气罐与建（构）筑物和堆场的防火间距

名　　称		20～1 000 米^3	1 001～10 000 米^3
明火或散发火花的地点，民用建筑，易燃材料堆场		25 米	30 米
其他建筑耐火等级	一、二级	12 米	15 米
	三级	15 米	20 米
	四级	20 米	25 米

注：干式贮气柜与建筑物、堆场的防火间距按表 19 数值增加 25%。

厌氧消化器与站内相邻建筑物的消防间距不应小于 10 米。当相邻建筑外墙为防火墙时，防火间距可适当减少，但不应小于 4 米。

沼气站与其他生产厂区宜采用非燃烧墙体分隔。

沼气站内建筑物与围墙的间距不宜小于 5 米。

五、生物质气化集中供气技术

500. 什么是生物质和生物质能?

生物质是指通过光合作用而形成的各种有机体，包括所有的动物、植物和微生物。

生物质能是太阳能以化学能形式储存在生物质中的能量形式，即以生物质为载体的能量。它直接或间接来源于绿色植物的光合作用，为可再生能源。因其原始能量来源于太阳，从广义上讲，生物质能也是太阳能的一种表现形式。

501. 生物质能的主要特点是什么?

一是普遍性。生物质能无所不在，蕴含量巨大，取材容易，生产过程相对简单，价格低廉。二是可再生性，只要太阳辐射能源存在，绿色植物的光合作用就不会停止，生物质能就不会枯竭。因此可以说生物质能是取之不尽、用之不竭的。三是清洁性。生物质的硫、氮含量低，燃烧过程中生成的硫、氮氧化物少，产生的二氧化碳相当于生长时所需要的二氧化碳量，因此被誉为二氧化碳“零排放”。四是易燃性。生物质能源挥发组分高，碳活性高。在400℃左右的温度下，大部分挥发组分可释出，易于制取气体燃料。生物质能源燃烧后灰分少，并且不易黏结，可简化除灰设备。五是可储运性。在可再生能源中，生物质能源是唯一可以储存与运输的能源，为其加工转换与连续使用提供方便。

502. 适于能源利用的生物质主要有哪些？

依据来源的不同，适于能源利用的生物质主要有林业资源、农业资源、生活污水和工业有机废水、城市固体废物、动物排泄物等5大类。林业生物质能资源主要包括薪炭林、林木剪枝、林业加工剩余物等。农业生物质能资源主要指能源植物、农作物秸秆、农业加工剩余物等。工业有机废水主要指屠宰、制酒、食品等行业生产过程中排出的废水。城市固体废物主要指城镇居民生活垃圾，商业、服务业垃圾等。动物排泄物包括畜禽等动物排出的粪便、尿及其与垫草的混合物。

503. 生物质能转化利用途径都有哪些？

按照产物形态分类，生物质能转换的方式主要有3种：气化、固化和液化。按照转化方法分类，主要有5种途径：一是直接燃烧。包括农村炊事、采暖，以及用于工业过程和区域供暖的机械燃烧等方式。二是热化学法。包括热解、气化和直接液化技术。三是生化法。包括水解、发酵制取乙醇技术，以及厌氧发酵制取沼气技术等。四是化学法。包括间接液化生产甲醇、醚等，以及酯化生产生物柴油技术。五是物理化学法。主要指压缩成型。

504. 开发利用生物质能的意义有哪些？

一是推进节能减排的需要。生物质能仅次于煤炭、石油和天然气，居于世界能源消费总量第4位；生物质替代燃料具有无污染、可再生等显著特点。据专家预测，生物质能极有可能成为未来可持续能源系统的重要组成部分，到本世纪中叶，采用新技术生产的各种生物质替代燃料将占全球总燃料消耗的40%以上。随着我国经济社会的不断发展，能源短缺问题日益严重，开发利用生物质能对于保障国家能源安全、缓解资源与环境压力、促进经济社会全面协调可持续发展具有重要战略意义。

二是发展循环经济的需要。随着人口的增加，工业化、城镇化速度的加快，以及生产和生活水平的不断提高，能源的消耗量和生物质废弃物的生产量都在不断增加，如何实现生物质废弃物的“减量化，再利用，资源化”，特别是加快开发生物质能，延长产业链条，是发展循环经济的重要内容之一。

三是提高农民生活质量、建设社会主义新农村的需要。开发高品位生物质能源，转变传统的生物质直接燃烧的利用方式，发展清洁、高效、可再生的替代能源，有利于推进农村生活用能现代化，引导农民转变生活方式，减小劳动强度，对于缩小城乡差距、建设社会主义新农村、实现农村全面小康具有积极的促进作用。

505. 什么是生物质气化集中供气技术？

指以农作物秸秆、稻壳、玉米芯、林木剪枝、锯屑或其他农林生产、加工剩余物等生物质为原料，在缺氧或无氧状态下，通过热化学反应，使原来具有较高分子量的有机碳氢化合物链断裂，产生生物质燃气（由较低分子量的CO、H_2、CH_4等可燃气体，CO_2、N_2和O_2等不可燃气体，水蒸气及焦油、灰分等残余物组成的混合气体），经净化后通过管道集中供应用户生活能源的技术。工程系统规模一般从几百户到上千户，适用于城市管道燃气普及不到的广大农村和小城镇，实现“两人烧火，全村做饭”，对推进农村节能减排，建设社会主义新农村具有积极意义。

因为该技术最初主要以农作物秸秆为原料，通常被称为“秸秆气化”。

506. 生物质气化技术可分为哪几类？

大体上可按两大类进行分类，一是按气化剂分类，二是按设备运行方式分类。

（1）按气化剂分类，可分为使用气化介质和不使用气化介质两类（图15）。

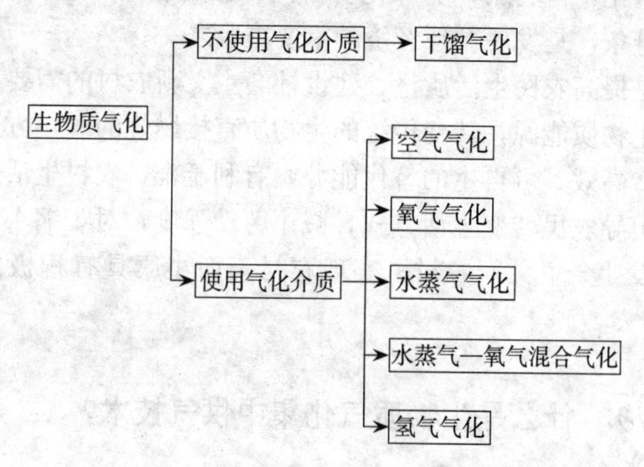

图15　生物质气化技术分类（按气化剂分类）

使用气化介质的气化按气化介质的不同，分为氧气气化、空气气化、水蒸气气化和氢气气化。比如，空气气化，就是给生物质原料提供一定的空气，空气中的氧在一定条件下，使原料发生氧化还原反应，产生可燃气和灰分等物质。

不使用气化介质气化的属干馏气化，适用于木材、木屑等密度大的物质。这种方法是在无氧或缺氧情况下，使生物质发生热分解，产生燃气、木炭、木焦油、木醋液等的过程。

目前应用的生物质气化集中供气工程主要采用的是空气气化

和干馏气化，分别被称为氧化还原法和裂解（干馏）法。

（2）按设备运行方式分类，生物质气化装置可分为固定床、流化床、旋转床等 3 种类型。目前生物质气化集中供气工程主要采用固定床式。固定床式又根据气流运动方向的不同，细分为上吸式、下吸式、横吸式和开心式。见图 16。

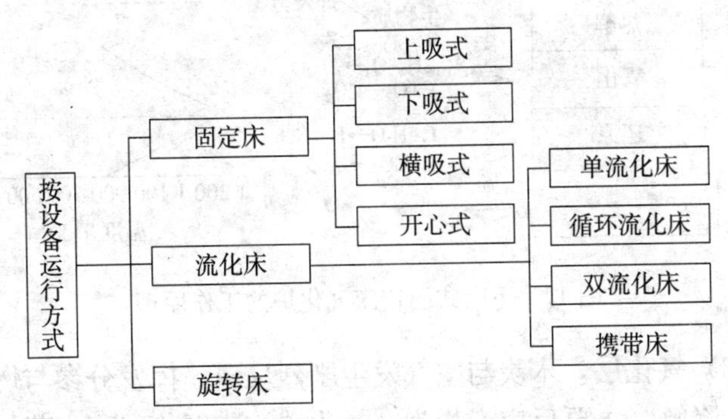

图 16　生物质气化技术分类（按设备运行方式分类）

507. 生物质气化反应的基本原理是什么？

以下吸式固定床气化炉为例，生物质从气化装置的顶部加入，依靠自身重力逐渐由上部下落到底部，气化后形成的灰渣从底部清除；气化剂从气化装置中部（氧化区）加入，可燃气从下部被吸出。依据在气化装置中发生热化学反应的不同，由上至下依次可分为干燥层、热解层、氧化层和还原层等 4 个区域。见图 17。

（1）干燥层。生物质进入气化装置顶部，被加热到 200～300℃，原料中的水分首先蒸发，产物为干原料和水蒸气。

（2）热解层。物料向下移动进入热解层，水蒸气、氢气、一氧化碳、二氧化碳、甲烷、焦油和其他碳氢化合物等挥发分大量析出，在 500～700℃时基本完成，固体产物为木炭。

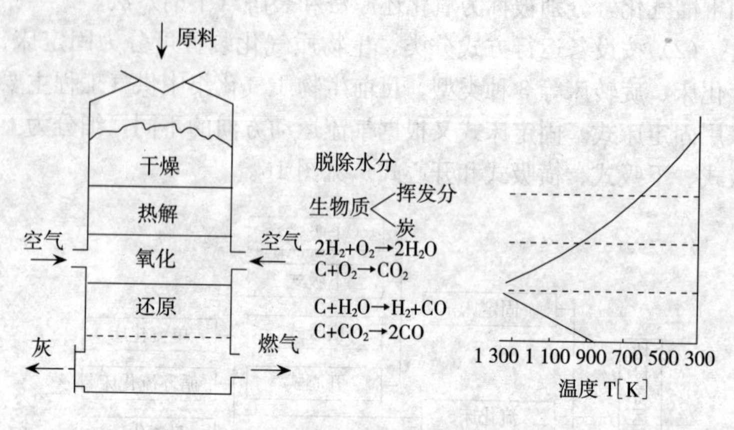

图 17 下吸式固定床气化炉的工作原理

（3）氧化层。木炭与空气发生剧烈反应，挥发分参与燃烧后进一步降解，主要反应产物为一氧化碳、二氧化碳和水蒸气，同时释放出大量的热。氧化层温度达1 000～1 200℃。

（4）还原层。氧化层中的燃烧产物及水蒸气与还原层中木炭发生还原反应，产生的气体和挥发分等形成了可燃气体。主要反应产物为一氧化碳、氢气和甲烷。还原层的温度约为 800℃。

508. 生物质气化过程都有哪些重要参数？

当量比：指单位生物质在气化过程所消耗的空气（氧气）量与完全燃烧所需要的理论空气（氧气）量之比。当量比大，说明气化过程消耗的氧量多，反应温度升高，有利于气化反应的进行，但燃烧的生物质份额增加，产生的 CO_2 量增加，使气体质量下降。理论最佳当量比为 0.28。

气体产率：指单位质量的原料气化后所产生气体燃料在标准状态下的体积。氧化法气化的气体产率通常为 2 米^3/千克左右，干馏气化气体产率约为 0.5 米^3/千克。

气体热值：指单位体积燃料所包含的化学能。空气气化的气体热值约为5兆焦/米³，有的热值可达8兆焦/米³；干馏气化的气化气热值为15兆焦/米³，为中热值气体。

气化效率：指生物质气化后生成气体的总热量与气化原料的总热量之比，是衡量气化过程的主要指标。一般气化设备的气化效率在70%左右。

509. 生物质燃气质量的基本要求有哪些？

正常工况状态下，进入储气罐（贮气柜）的生物质燃气，一氧化碳、氧和硫化氢的含量应分别小于20%、1.0%和每标准立方米10毫克，焦灰含量应不大于每标准立方米30毫克，辽宁省特殊规定焦灰含量上限为每标准立方米15毫克，具体见表20。

表20　生物质燃气质量要求

项　目	指　标
低位热值，千焦/标准立方米，＞	5 000
焦油和灰尘含量，毫克/标准立方米，≤	15（辽宁省要求）
一氧化碳含量，%，＜	20
氧含量，%，＜	1.0
硫化氢含量，毫克/标准立方米，＜	10
氢含量，%，＞	10
甲烷含量，%，＞	3

510. 生物质燃气的主要特点？

一是热值通常较低。主要指空气气化产生的可燃气属低热值气体，低于城市煤气、天然气（几种可燃气参考热值：人工煤气18兆焦，天然气33兆焦，液化石油气105兆焦，氢气143兆焦，以上热值取标准立方米为单位）。

二是气体的相对分子量与空气相近，且一氧化碳含量较高（约 20%）。当生物质燃气发生泄漏时，其扩散范围将充满整个空间，并且其无色无味的特点就更决定其隐蔽性和危险性，因此在实际运行和使用中应对这一特点保持高度的警惕性。

三是着火浓度极限（爆炸极限）较高。由于生物质燃气中氮气含量高、热值低，燃烧所需的理论空气量少、着火浓度极限（爆炸极限）较高。例如，以玉米秸为原料气化后的生物质燃气的着火极限为 16.8%～80.4%。即在一定空间内，如果燃气浓度在这个区间内，只要遇上一星点火源就会引起爆炸。

四是杂质含量较高。与城市煤气相比，目前生物质化气化站的规模一般都不大，净化系统也相对简单，所以其净化效果相对较差。

511. 生物质燃气主要成分的理化特性是什么？

（1）二氧化碳。是无色、无味、不燃的气体，比空气重，正常大气中含有 0.03%。能溶于水及多数有机溶剂。低毒性，但高浓度时抑制或麻痹呼吸中枢，严重者可发生缺氧窒息导致休克或死亡。空气中含 2%～3%，使人呼吸加快；含 4%～6%，使人剧烈头痛、耳鸣、心跳；6%～10%人失去知觉；含 20%，短时间造成人员死亡。

（2）一氧化碳。无色、无味，极易使人中毒。空气中含量 0.1%，1 小时后就会感觉头痛、呕吐；含量 0.5%，30 分钟就会造成人员死亡；含量 1%，2 分钟造成人员死亡。爆炸极限 12.5%～74%。

（3）氢气。无色、无臭气体，不溶于水、乙醇、乙醚，无毒，无腐蚀性，密度 0.07。极易燃烧，燃烧时火焰呈蓝色。氢气、氧气混合燃烧火焰温度为2 100～2 500℃。氢气与空气混合能形成爆炸性混合物，爆炸极限范围较大（4.1%～74.1%），遇火星、高温能引起燃烧爆炸。

(4) 甲烷。无色、无味、无毒，比空气轻，是易燃易爆气体，与空气或氧气混合达到爆炸极限范围（5%～15%），遇到明火就会发生爆炸。甲烷对人基本无毒，但浓度过高时，使空气中氧含量明显降低，使人窒息。当空气中甲烷达 25%～30%时，可引起头痛、头晕、乏力、注意力不集中、呼吸和心跳加速、共济失调。若不及时脱离，可致窒息死亡。

所以，燃气生产、存储、输送、使用过程中，一定要注重安全生产和消防工作。

512. 一套生物质气化集中供气系统主要包括哪些部分?

根据工艺流程、生产厂家的不同，系统所包含的设备种类会有所差异。但从功能上看，均应包括制气、净化、储气、输配气、用气以及附属设备等 6 部分。

通常，制气、净化部分包括上料机、气化炉、冷却器、过滤器、净化器、水环式真空泵、压缩机、循环水泵等，附属设备包括加臭机、气体在线监测仪、燃气流量计、焦化污水处理装置等。

气化机组的生产，在尚无国家、行业或地方标准时，生产企业必须制定企业标准，并报当地标准化主管部门和农村能源主管备案。

513. 下吸式气化机组包括哪些工艺流程?

主要包括：上料—气化—洗涤冷却—过滤—净化—储存—输配—用户。

即：生物质经上料机送入气化炉，在气化炉内进行干燥、热解、氧化、还原生成可燃气体，并能裂解散一部分焦油。从气化炉中出来的可燃气体焦灰含量较大，温度较高，先由冷却器冷却洗涤除去大部分的焦油和灰尘（由冷却器排出的焦化污水进入循环水池进行处理），同时降低燃气温度；含有水蒸气燃气进入过滤器，在过滤器中除去燃气中的一些水分、焦油和灰尘。水环式真空泵（压缩机）给生物质燃气提供抽吸和压送动力，使燃气在机组内流动。该设备前部分为负压运行状态，后部分为正压运行状态。燃气进入净化器进一步净化和精过滤，达到城市煤气的洁净程度。由双组分在线监测仪监测燃气主要成分 CO、O_2 的含量。燃气进入储气罐之前由加臭机把臭液加入管道中，由燃气流量计记录下气化机组所产的气量。

514. 气化原料应符合哪些要求？

含水量宜小于 18%，长度为 3～100 毫米为宜，一般 50 毫米左右；无霉变，不含沙土、泥块、碎石等杂质。

515. 什么是上料机？

将气化原料输送到气化炉内的装置，通常有螺旋式上料机、链板输送机或提斗上料机等类型。

516. 气化炉的作用是什么？

气化炉是原料发生反应、生成气化气的部位，是系统的核心设备。两种常见的气化炉示意图见图 18 和图 19。

其中，下吸式固定床气化炉的结构特点：有炉膛、外壁及灰室。气化炉的炉栅以下是灰室，气化后的灰分及没有完全反应炭颗粒经过炉栅落入灰室，炉栅与炉体构成一个承托和容纳原料的

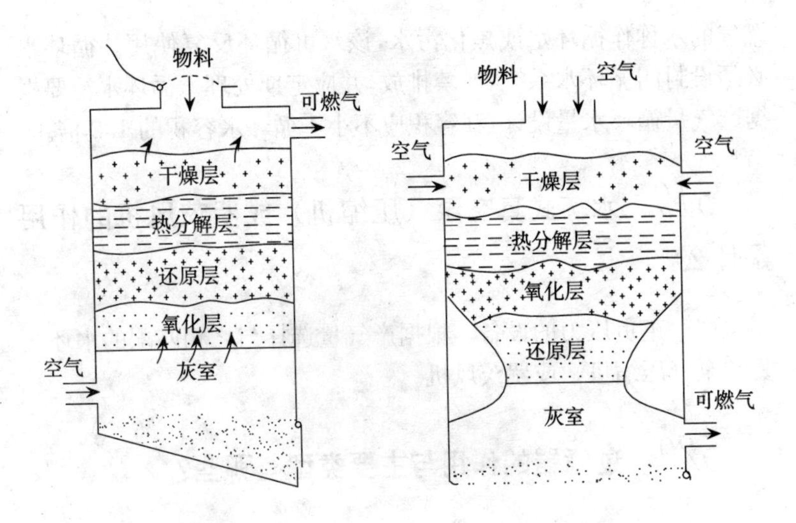

图 18　上吸式气化炉　　　　图 19　下吸式气化炉

注：本图摘自辽宁省能源研究所《生物质气化技术及其应用》

炉膛。炉膛必须满足干燥、氧化、还原的要求。生成的可燃气体是通过炉栅向下流动在负压状态被吸出的。

517. 气化机组的冷却与净化系统的作用是什么？

气化机组中的冷却器、过滤器、净化器等都属于气化冷却与净化系统，用于去除气化炉产生的气体中所含有的灰分、焦油和水分等杂质，降低气体温度，提高单位容积气体的能量密度，从而得到洁净的适于使用的燃气。

518. 冷却器的作用是什么？

将高温可燃气体冷却降温至 35℃以下，同时可以洗涤燃气中焦油和灰尘的装置。冷却器内应设置喷淋装置。用于冷却洗涤燃气的水称作循环水或焦化污水,该水可循环反复使用。循环水必须设封闭循环水系统,严禁排放,并应定期处理。循环水池要根据产气量循环水量设计,其容积应不小于循环水容积的1.2倍。

519. 水环式真空泵（压缩机）或罗茨风机的作用是什么？

产生正负压力的设备。根据产气量选择与之相匹配的水环式真空泵（压缩机）或罗茨风机。

520. 过滤器的作用与主要类型有哪些？

过滤燃气中的水分、焦油和灰尘等杂质的装置。

干法除尘：机械力除尘（如旋风除尘器）、过滤除尘（颗粒层过滤器）。在生物质气化系统中常用更为简单、经济、实用的稻壳、木屑等作为滤料，称作生物质过滤器。气体通过滤料时，气体中的杂质微细炭颗粒、水分、焦油等，被过滤器滤料的多孔体表面吸附，从气体中分离出来。生物质过滤器的滤料可在吸附饱和更换后放回气化炉中气化，减少二次污染。

湿法除尘：湿法除尘是利用液体（一般是水）作为捕捉器，将气体中的杂质捕集下来，其原理是当气流穿过液层、液膜成为液滴时，其中的颗粒就黏附在液体上面被分离出来。湿法除尘的关键在于气液两者的充分接触。常用喷淋塔。在喷淋塔中，燃气通过和喷淋水滴的接触，使水滴可以捕捉燃气中的尘粉、焦油并冷却气体，从而达到除尘、除焦、冷却气体的目的。

521. 净化器的作用是什么？

进一步脱除燃气中的水分、焦油和灰尘等杂质的装置。经净化后，燃气应达到可供用户使用的洁净程度。净化器设备填装的净化材料，应便于填装、拆卸和清洗，如采用高分子多孔材料等。

522. 焦油主要有哪些危害？

焦油成分复杂，可分析出的成分有200多种，主要成分不少于20种，其中含量大于5%的有7种，即苯、萘、甲苯、二甲苯、苯乙烯、酚和茚。焦油的主要危害：

(1) 焦油占可燃气能量的5%～10%，在低温下难以同燃气一起被燃烧利用，民用时大部分焦油被浪费掉。

(2) 焦油在低温下凝结成液体，容易和水、炭粒等结合在一起，堵塞输气管道，卡住阀门、抽气机转子，腐蚀金属。

(3) 焦油难以完全燃烧，并产生炭黑等颗粒，对燃气利用设备如内燃机、燃气轮机等损害相当严重。

(4) 焦油及其燃烧后产生的气味对人体是有害的。

523. 焦油的主要用途有哪些？

生物质气化产生的副产物木焦油属耐高温材料（可耐280℃高温），且防水性能良好，可用作造船、油漆工业防腐、耐高温原料，也可作为化工医药原料及植物营养调节生长素。木焦油加工后可获得杂酚油、抗聚剂、浮选起泡剂、木沥青等产品，也可用于医药、合成橡胶和冶金等行业。

524. 怎样去除焦油？

在气化过程中，焦油是不可避免的副产物。由于焦油在高温时呈气态，与可燃气体完全混合，而在低温时（一般低于200℃）凝结为液态，所以其分离和处理比较困难，特别是在燃气需要降温利用的情况（如燃气用于家庭或内燃机发电时）下，问题更加突出。除焦油方法有普通水洗法、过滤法和机械法，也有较复杂的静电法和裂解法。

（1）水洗法。水洗法是用水将生物质燃气中的焦油带走，如果在水中加入一定量的碱，除焦油效果有所提高。水洗法又分为喷淋法和吹泡法。水洗除焦是比较成熟的、中小型气化发电系统采用比较多的技术之一。它的优点是同时有除焦、除尘和降温三方面的效果。焦油水洗设备的原理和设计与化工过程中的湍流塔一样，它的技术关键是选用合适的气流速度，合适的填充材料和合理的喷水量与喷水方式。焦油水洗技术的主要缺点是有污水产生，必须配套相应的废水处理装置。

（2）过滤法。过滤法除焦油是将吸附性的材料（如活性面料或粉碎的玉米芯等）装在容器中，让可燃气穿过吸附材料，或者让可燃气穿过滤纸或陶瓷芯的过滤器，把可燃气中的焦油过滤出来。水洗法和过滤法除焦油又分别被称为湿法和干法除焦油。

525. 贮气柜（储气罐）的作用是什么？

贮气柜（储气罐）是燃气输配系统中的关键设备，它的作用是贮存燃气，用以补偿用气负荷的变化，保证燃气发生系统的平稳运行；为燃气管网提供一个恒定的输配压力，保证燃气输配均衡，使管网内所有的燃气灶都能按照额定的压力正常燃烧。生物质气化集中供气系统中常用的贮气柜（储气罐）有低压湿式、低压干式和压力式等几种。储气罐的安置方式可分为：埋地式（卧式）、半地下式、地上式。

生物质燃气集中供气工程的储气罐宜采用钢质材料，总容积应为日用气量的 0.25～0.5 倍。储气罐（贮气柜）应依据专业设计单位出具的设计图，由有制造资质的单位制造，并有压力试验、气密性试验和 X 光无损探伤检验报告。0.1 兆帕及以上压力储气罐每年必须报当地锅炉压力容器检验所检验。

526. 为什么要给生物质燃气加臭？

生物质燃气为无色、无臭（或臭味不足）、有毒的混合气体，且在一定空间内，浓度达到爆炸极限将导致爆炸，造成生命财产损失。借鉴《城镇燃气设计规范（GT350028—93）》对无味燃气和有毒燃气加臭的规定，为确保安全供气，生物质燃气中应当加臭。

527. 燃气臭剂应具备哪些基本特征？

（1）气味必须独特，通常为恶臭型。

（2）能与燃气均匀混合，且一起燃烧；按标准规定添加的臭剂量及其燃烧后的产物对人身健康和环境无损害。

（3）在常温条件下有足够的挥发性，以保证及时发现环境中燃气的泄漏点。

（4）物理化学性能稳定。好的燃气臭剂应当具有很强的抗氧化性，不易被空气氧化，不易被土壤吸收，在管道输送过程中，不与燃气发生任何反应，不改变臭剂自身的特性，更不改变燃气的特性，对燃气输配装置和灶具无腐蚀作用。

目前世界各国广泛使用的燃气加臭剂主要有四氢噻吩（T. H. T）、异丁硫醇、二甲硫醚和乙硫醇4种，均为低含硫有机化合物。辽宁省采用的生物质燃气臭剂主要为四氢噻吩，商品名阿乐特88，分子式C_4H_8S，无色或微黄色透明液体，具恶臭气味。

528. 生物质气化集中供气工程示范推广应当遵循哪些原则？

生物质气化集中供气工程示范推广，应当遵循村民自愿、政府推动、部门监管、群众受益、统一规划管理、配套建设的原则。

工程建设的资金筹措，应当遵循政府补助与群众和集体自筹相结合的原则。鼓励探索产业化运作模式。

生物质燃气的经营和使用，应当坚持安全第一、预防为主的原则，做到保障供应、规范管理、周到服务、方便用户。生物质燃气的安全工作实行属地管理。

529. 村屯申报生物质气化集中供气工程应具备哪些条件？

（1）项目申报村住宅应相对集中，规划整齐，集中户数应不低于300户。气化站建设应符合土地利用总体规划、村镇总体规划和建设规划要求。

（2）村集体经济实力较强，无村级债务，并且不会因为项目建设带来新的债务；村民经济条件相对较好，具备建设项目所需自筹资金；且经村民大会或村民代表会议“一事一议”，同意申报。

（3）村领导班子工作能力强，认识高，责任心强，有良好的威信和凝聚力，具备保证项目顺利完成和健康运转的组织领导能力，能够积极配合省、市、县农村能源主管部门及有关单位，做好项目建设与安全生产等相关工作。

（4）项目村用作气化原料的秸秆等生物质资源丰富，能够满足气化站的正常运行。

530. 省级示范项目的申报及审批程序有哪些？

（1）根据村集体“一事一议”制度，就项目建设召开村民大会或村民代表会议，专题讨论形成决议，同意申报项目。

（2）由村委会提出申请，填写有关申报材料，经所在乡（镇）政府批准，报本县（市、区）农村能源主管部门、财政局，同时报县级村镇规划建设主管部门核发《乡村建设规划许可证》。

（3）经县（市、区）农村能源主管部门会同同级财政、建设等有关政府部门初审合格后，按照省下达的年度示范推广项目控制指标，择优确定拟上报的项目，经县级政府同意后，联合上报市农委、财政局、建委。

（4）由市农委会同市财政、建设等有关部门复审，复审合格并报请市政府同意后，联合上报省农委、财政厅、建设厅。

（5）由省农委会同省财政厅、建设厅等有关部门审核后，列入项目库，根据每年省级支农专项资金等计划，安排项目。对项目申报村所在的市、县（区）、乡（镇）政府能够配套扶持的，优先予以安排。

（6）项目经审核同意后，应依法办理土地审批以及水、电等相关手续。

531. 如何选择生物质气化集中供气工程承建单位？

一般采取入围投标的方式确定承建企业。即根据各企业提供的建设方案和相关证明材料，经过调查研究，确定入围企业。

报名参与投标的企业必须具备的条件：是同时具有设计、制造、施工资质的企业；或者是生产、制造生物质气化集中供气设备并提供技术、工艺的企业，专业设计单位和专业施工单位可以是该企业的合作企业。

报名参与投标的企业必须提供的材料：

（1）企业资质材料。包括企业法人营业执照副本（复印件）、资质证明材料、生产经营许可证及有关鉴定材料、企业简介（包括组织机构、生产能力、设备、厂房、人员等，500字左右）、质量保证体系及质量认证证明、银行资信证明、取得成果情况、经济行为受到起诉情况、业绩情况（包括近3年完成的生物质气化站建设工程数量、地点、运行情况、联系人及联系方式，当年在建项目相关情况，自主研制的气化设备性能参数、说明书及相关资质部门的检验报告等)、其他认为应提交的文件和资料。

（2）项目建设方案（以招标方提供的项目村为蓝本编制)。包括气化站选址要求及平面布置图，制气工艺说明、气化机组和附属配套设备名称及工艺流程图，储气方式及说明，输配气工艺及说明，用户户内设施图，气化车间效果图、施工图和相应土建图纸及说明。

由建设单位选择入围企业，签订合同。承建单位按照设计图纸要求编制施工方案，进行施工。建设单位应请监理部门对施工全过程进行监理。

532. 生物质燃气管道的要求？

生物质燃气输配管道宜采用聚乙烯管钢管，并应符合《燃气用埋地聚乙烯管材》（GB15558.1）和《燃气用埋地聚乙烯管管件》（GB15558.2）的规定。输气管一般铺设在地下，且应在土壤冰冻线以下，包括主、干、支管等形成一个管网。楼层住宅应按城镇燃气管网要求铺设，平房村庄燃气管道的转弯处和直管路的每百米处地上设置警示牌（桩)，并标明燃气管方向和深度。入户钢管地下部分应做防腐，地上部分应做保温并加护罩管。燃气管应直接进入厨房，不得穿越卧室；户内燃气设施不得置于明火灶台上部或规范规定的距离以内。

承担燃气钢质管道、设备焊接的人员，必须具有压力容器压力管道焊工资格证书；承担聚乙烯燃气专用管道和其他材质燃气管道安装的人员，必须经过专门培训，并经考试和技术评定取得操作证书方可上岗。

533. 用户室内燃气系统主要包括哪些装置？

由燃气引入管、燃气表、阀门、连接软管和燃气灶具等组成。

生物质燃气管道与燃具之间用软管连接时应符合设计文件的规定，管与生物质燃气管道接口、软管与燃气灶具接口均应选专用固定卡固定；连接软管的长度不应超过 1.5 米，并不应有接口，连接软管后不得再设阀门；应采用燃气专用管；非金属软管不得穿墙、门和窗。

534. 工程交工时，承建单位应当做好哪些工作？

工程通过验收后，承建单位要向建设单位提供设备使用说明书、安全操作规程、规章制度、用户须知、施工图纸等文件，负责培训操作及管理人员，使用户熟练掌握设备操作技能及燃气供应系统管理方法，实现工程的稳妥移交。双方应签订交接书。交接后，承建单位应在一年内派专业技术人员跟踪指导。

535. 如何做好气化工程的档案管理？

工程竣工验收后，建设单位应将承建单位提供的完整的施工图纸、竣工资料和验收资料订卷存档。

县（市、区）农村能源主管部门应建立气化工程档案，包括每一处工程的建设时间、地点、规模、投入、运行、维护和承建单位等情况，并报省、市农村能源主管部门备案。

536. 气化站应当建立哪些管理规章制度？

主要包括：《气化机组安全运行操作规程》、《气化站管理制度》（包括储气、输气、管网和户内设施等）、《气化站设备设施维护、保养、检修规定》以及防火、防爆、避雷等规定，并张贴于室内明显处。

537. 气化站应当履行哪些职责？

搞好运营，按照规程要求维护设备；按照工程设计能力和质量标准为村民提供燃气，并按照合理的价格计量收费（燃气价格暂由县级价格主管部门会同同级气化行业主管部门在充分征求供需双方意见后合理确定）；建立安全检查、维修维护、事故抢修和报告制度，保障气化站和本村燃气供应系统安全运行；配备至少 2 名经省农村能源职业技能鉴定站培训，并取得生物质能利用工职业资格证书的操作工；经常对用户进行安全教育；接受农村能源主管部门和其他有关行政管理部门的监督检查；协助承建单位检查、维护、抢修燃气设施，切实做到建得好、管得严、用得起、停不下。

538. 气化站应当具有哪些安全保障措施？

（1）气化站房上部必须设防雷装置（避雷针）；

（2）气化站内必须设消防给水泵、吸水管、移动式水枪；

（3）气化站内必须设手动干式灭火器装置，值班室设 24 小时值班电话，值班室不得空岗，发现火情及时采取消防控制；

（4）气化系统重要部位的水、电、燃气开关、阀门应加警示牌，工作现场应有醒目的“禁止烟火”标志，并配备防火防爆救助工具（铁锹、扫帚、砂子、水桶等）；

（5）定期检查消防器材是否完好，定时巡查原料场，发现隐患及时处理；

（6）保证气化站内各车间通风良好；

(7) 气化车间内应安置一氧化碳报警装置。

539. 对气化机组应如何做好日常保养和维护?

(1) 气化机组的日常保养和维护应严格按《生物质气化站机组安全运行操作规程》,做好维修记录,存入档案备查。

(2) 气化炉内的炉灰当班必须清理。

(3) 净化器中的过滤材料,应按照产品说明书的规定时间更换或清洗。

(4) 生物质气化系统中的各种仪表应按计量检测部门的有关规定按期检定;安全阀应按规定每年校验一次;灭火器材应按规定期限更换。

(5) 气化站用电设备,应按用电管理有关规定进行使用、维护和保养。

(6) 气化站设备及输配管网设施需要改造或进行检修时,应征得承建单位同意并派技术人员现场技术指导。

540. 对储气罐如何做好日常维护?

(1) 定期检查储气罐的疏水阀,及时排水。

(2) 露天储气罐避雷系统的接地电阻,应每半年测试一次。

(3) 地埋储气罐遇暴雨时应巡查罐区,及时排水,防止漂罐。

541. 输配管网应如何做好日常维护?

(1) 管网的维护应由气化站管理人员负责。

(2) 每月对管网、分气缸、阀门及附属设施巡查一次。对重点地段(沟渠地下管道及土建施工地点、引入管等)应做到经常巡线检查，发现问题及时解决。

（3）检修人员进入设备里或井室作业时，必须先通风，在确保安全的前提下，方可作业。应至少有两人在场，一人作业，一人监护，并采取必要的安全防护措施。

（4）如发现燃气管道泄漏时，应将该管段与管网断开，放尽燃气后按《生物质燃气输配工作施工及验收规范》进行。

542. 户内设施应如何做好日常维护？

（1）户内用气设施发生故障时，必须及时通知气化站管理人员处理，用户不得私自增、改、移、拆燃气设施。

（2）户内用气设施应经常检查，及时检修。

（3）每3个月对户内管路、阀门、过滤器、调压器、燃气表及灶具巡查一次，发现故障及时处理。

543. 生物质气化原料的管理应注意哪些方面？

（1）气化原料应按类别及工序要求堆放整齐。通风良好，防止受潮霉变。原料库内不准存放其他物品。

（2）生物质原料中应保证无碎石、铁屑、砂土等杂质。水分<18%，水分超标的原料不能使用。严禁使用已霉变的原料。

（3）长秸秆如玉米秆、高粱秆、豆秆等原料，须加工成长度为40～60毫米的成品料，方可进入原料库或上料间存放。上料间的存放量不超过1天的用量。

（4）气化站区内除原料库和上料间以外，其他地方不准存放气化原料。

（5）站区及原料库消防通道应畅通无阻，消防工具完备有效。

（6）根据生物质原料的季节性和日用量，应储备不少于3个月的原料。

544. 燃气管道及设施的保护应注意哪些问题?

任何单位和个人严禁在燃气管道及设施上修筑建筑物、构筑物和堆放物品。确需在燃气管道及设施附近修筑建筑物、构筑物、堆放物品，或者安装自来水、修路时，必须符合燃气设计规范及消防技术规范中的有关规定，并经县（市、区）业务主管部门批准方可实施。

凡在燃气管道及设施附近施工，有可能影响管道及设施安全运营的，施工单位须事先通知气化站，经双方商定保护措施后方可施工。施工单位应当在施工现场设置明显标志严禁明火，保护施工现场中的燃气管道及设施。

545. 生物质燃气用户应掌握哪些常识?

（1）室内的燃气设施如燃气表、调压器、报警器、球阀等均已经专用设备和专业人员调试完毕，严禁用户自行拆卸或调节。用户不得私自接装燃气设施，不得将燃气接到居室内使用。

（2）使用电子点火灶具前，应先读懂灶具使用说明书，并按照使用说明书操作。

（3）根据生物质燃气的特性，灶具的风门通常处于关闭状态，尤其是灶具中心火焰的风门，用户无需自行调节。如出现火焰为黄色、黑色或火焰较长时，方可将风门略调大些（达到蓝色火焰、火焰长度适中）。

燃具点燃后，应打开排油烟机，没有排油烟机的应打开通气窗，保持通风，但不可直接吹向火焰。使用燃气时，厨房内不可较长时间无人，以防止炊具汤水溢出将火熄灭发生燃气泄漏危险。

使用完后，及时关闭灶前阀和点火开关，切实做到用时开，不用时关。

(4) 严禁在封闭式厨房内长时间使用燃气，严禁在厨房睡觉，以防中毒。

(5) 应涂抹肥皂水查找漏点，不准用明火检查燃气管路和设施是否漏气。

(6) 如果闻到燃气臭味或发现燃气泄漏，必须先关闭气源，打开门窗通风，并马上通知气化站管理人员前来解决。在漏气等问题没有排除前，不得使用燃具，不准动用明火和开启电器开关。

(7) 灶具应放置在避风处使用，避免强风吹熄火焰，造成燃气泄漏。灶前阀与灶具间连接软管不宜过长，以1.5米左右为宜，且两端用卡子固紧。软管老化时要及时更换。

(8) 安装报警器的用户，发现报警器报警或闻到燃气臭味时，应及时通知气化站管理人员，并按第(6)条操作。

(9) 不准在燃气设施上系绳挂物，不准在燃气设施附近放置易燃易爆品，并教育儿童不要玩弄燃气设施，防止设施损坏。

(10) 用户如发生头晕、恶心等症状，应立即到通风处，严重者要立即送往医院。

(11) 万一发生火灾千万不要慌张，要根据具体情况妥善处理：

如果在灶具室内管的连接处着火，应立即关闭燃气开关并用干粉灭火器或干土、砂子，也可用浸湿的布、毛巾等向火点的根部打击，火就会熄灭。

如果室内发生火灾，应迅速关闭室内所有燃气开关，防止火焰蔓延烧坏胶管、燃气表，引起燃气泄漏，发生爆炸燃烧。

报火警。迅速拨打火警电话119，讲清详细地址、起火部位、着火物质、火势大小、报警人姓名，并派人到路口迎候消防车。

546. 生物质气化集中供气技术标准主要有哪些？

农业部先后发布了 3 个全国农业行业推荐标准：《秸秆气化供气系统技术条件及验收规范》（NY/T 443—2001）、《生物质气化集中供气站建设标准》（NYJ/T 09—2005）和《秸秆气化装置和系统测试方法》（NYJ/T 1017—2006）。

相关标准：包括《城镇燃气设计规范》（GB 50028—2006）、《建筑设计防火规范》（GB 50016—2006）、《输气管道工程设计规范》（GB 80251—2003）、《钢制焊接常压容器》（JB/T 4735—1997）、《城镇燃气输配工程施工及验收规范》（CJJ 33—2005）等。

六、太阳热水器

547. 什么是太阳热水器?

太阳热水器是一种利用太阳能加热水的装置。

548. 太阳热水器主要由哪几部分组成?

太阳热水器主要由太阳能集热器、传热工质（最常见的是水）、贮水箱、循环管路及辅助装置组成。

549. 现已商品化生产的太阳热水器主要有哪几种类型?

目前商品化生产的太阳热水器，主要分为整体式（闷晒式）和循环式两大类。整体式太阳热水器的集热器装置和贮水箱合为一体，结构简单，价格低廉，安装方便。循环式太阳热水器的集热装置和贮水箱分离，一般可分为平板型集热器、全玻璃真空集热管型集热器和热管真空集热管型集热器。

平板式集热器的吸热板主要有铜铝复合、全铜高频焊接和防锈铝三种产品，国内的技术和产品质量接近国际先进水平，平板式集热器的太阳热水器热效率高，坚实耐用，工作可靠，价格较低，适合中国南方使用，2000 年全国销量达 153 万米^2，占太阳热水器总销量的25%。

全玻璃真空集热管型集热器，是由我国自行研制和开发的，该项技术先后荣获国际尤里卡金奖，中国国家发明奖和科技进步奖等多项殊荣。其在－18℃的情况下，可以正常使用，加上防冻装置和电加热辅助装置，可以全年运行。2000年我国全玻璃真空集热管型太阳热水器总销量达396万米^2，占太阳热水器总销量的65%。

热管真空集热管型集热器，是近几年来开发的高集热的新型集热器，其具有热容小、启动快、在－52℃的情况下可以正常运行的特点，主要用于我国北方寒冷地区。

550. 什么是选择性涂层？

选择性涂层是指涂层吸收率高，而发射率很小，用以降低集热器的热辐射损失。

551. 如何简易判断全玻璃真空集热管的优劣？

优质的全玻璃真空集热管，应具备膜层颜色均匀，无脱落，在太阳光下从管内孔观察光线不透，说明吸收涂层没有问题，否则镀膜质量不好。同时观察吸气剂镜面颜色，如发现不亮、发黑，说明真空管不好。在真空管运行过程中，用手触摸外管温度也可判断集热管热性能优劣。外管温度高，说明集热管质量不好，热损失严重。

552. 全玻璃真空集热管型太阳热水器的优点是什么？

（1）安全：绝对没有因漏电漏气造成人体伤害的危险。

（2）节能：用太阳能作能源，不消耗任何常规能源；每平方米采光面积每年可节电 1.08×10^9 焦。

（3）环保：不产生任何固、液、气体，对环境无任何污染。

（4）经济：每天每平方米集热面积可产出 45℃的热水 80～200 千克，夏季水温可达 95℃以上，并能解决平板式和其他太阳热水器季节性闲置的缺陷。

（5）使用范围广：除用于洗澡外，还可用于洗菜、洗碗、洗衣等其他家庭生活应用热水。

553. 什么是得热量？

得热量是指太阳热水器从光照中获得的实际可用的总热量，它是衡量太阳热水器性能的一个综合指标，在相同的外部环境下，不同太阳热水器的得热量是不相同的，得热量越大的太阳热水器，其热转换率越高。

554. 什么是聚氨酯整体发泡？

聚氨酯整体发泡是应用高性能的进口灌注机械，把聚氨酯原料混合后，注入太阳热水器水箱内胆和外壳间的空腔内发泡。发泡成型后，水箱内胆、外壳和端盖形成一个整体。为了防止聚氨酯二次发泡，又采取特殊工艺，使外壳与保温层间形成一个对水箱保温性能无任何影响的微小缝隙。聚氨酯整体发泡工艺复杂，用料多，密度高，加工难度大，但具有极优良的保温性能，在我国北方冬季寒冷条件下也能保证太阳热水器的正常使用。水箱整体外表美观，水箱上不用一个铆钉是其显著特点。

555. 什么是相变传热？

所谓相变传热就是指液体沸腾和蒸汽凝结过程中的传热。如热管中工质的传热，就是相变传热。

556. 什么是非承压型太阳热水器?

非承压型太阳热水器全称为直插式全玻璃真空集热管型太阳热水器，因其真空集热管与水箱之间依靠密封胶圈密封，故不能承受压力。非承压型太阳热水器在无压状态下落水使用，即依靠落差将水箱内的水放出。水箱下部主要管路为进（出）水管和溢流管，水箱水满后，溢流管溢流报警,关断上水阀门,使用时热水依靠落差在重力作用下由进(出)水管流入(出),此时溢流管起补气作用。由于非承压型太阳热水器真空集热管内有水,因此若有一只管损坏,则水箱内的水便会全部流出,太阳热水器不能使用。

557. 什么叫承压型太阳热水器?

承压型太阳热水器全称为相变热导型全承压太阳热水器，其采用的相变热导式集热管，是由真空集热管、相变热导管及传热铝翼构成的。因相变热导管与水箱之间螺纹连接，且真空集热管内没有液体，故可以承受压力。阳光下，选择性吸收涂层将收集到的热量经传热铝翼传递给相变热导管，相变热导管内的传热工质，利用两次相变过程将热量传递给水箱内的水，完成换热。承压型太阳热水器在压力状态（压力大小与当地管网内水压大小基本一致）下顶水使用，即依靠上水压力将水箱内的热水顶出。使用时，应保证上水阀门常开，且不停水。由于热管与水箱之间依靠螺纹连接，因此会有漏水隐患。但真空集热管内无水，故不会出现一管损坏，整箱水流出的可能性。

558. 什么是热管?

热管是依靠自身内部工作液体相变实现传热的一种传热元

件，它利用工质的蒸发与冷凝来传递热量，不需要外加动力而工质自行循环。通过吸收热量热管内部的工质由蒸发段向上不停地运输，到上部冷凝段放热后，冷凝液靠自身的重力回流到蒸发段。

热管以其很高的导热性，优良的等温性，热流密度的可变性等特性，被广泛应用于集中供热等诸多领域。

热管在太阳热水器上分单臂热管式真空管和双臂热管式真空管。

单臂热管的结构外管为玻璃，内管直接使用热管，内外管之间抽成真空以绝热，吸收膜在翅片上，比较直观，一下就能看见热管。热管管壳金属与玻璃外管热压真空封接，但成本价格高。

双臂热管内管用玻璃，内管外表面涂以选择性吸收涂层，外管热管也用玻璃，内外管玻璃抽成真空，热管与玻璃真空管黏接，这种热管太阳吸收率可达95%以上，而红外辐射可小于0.03，因此可以得到较高的工作温度，而且经济实惠，价格低廉，可以大力推广。

559. 为什么夏天太阳热水器的水温有时不如春秋高？

夏天气温很高，给人的错觉是天热水也应该热。但因为夏天云多水汽大，太阳热水器实际吸热量小。而太阳热水器的产水温度，主要取决于日照强度而不是环境温度。所以实际夏天水温普遍低于春秋季节。

560. 如何选择太阳热水器系统的运行方式？

太阳热水器系统的设计，首先要选择系统的运行方式。太阳热水器系统的运行方式一般从用水量、安装环境、水压状况、供电情况等方面考虑。

一般集热器面积小于 40 米^2，用水量在 4 吨以下的单一系统，水压能满足系统的要求，支撑建筑物承重荷载允许的情况下，均可采用自然循环运行方式。自然循环运行方式的工程设计、安装较为复杂，要求高，但具有使用维修方便、无需辅助控制设备、基本不需人为管理的优点。

对于集热器面积大于 40 米^2 的，用水量在 4 吨以上的热水器系统，若水压、安装环境比较好，也可以考虑采用自然循环运行方式，但此方式要求将系统分为几个小循环系统而共用一个蓄水箱。具体情况视安装环境和集热面积决定。

自然循环系统对水压要求较高。在大、中城市常有以下情况：白天水压低，不能满足系统要求，夜晚水压高能满足系统需要，此时可设计自然循环运行方式，但需要增加一个高位蓄水箱。高位蓄水箱的容量和热水箱的容积相同。夜晚高位蓄水箱蓄满水就可以供系统使用。

对于水位低、场地环境不允许或集热器面积较大，又要求集中供热水（如宾馆、招待所等）的情况，应采用直流循环式或强制循环式。因为直流和强制循环式集热器系统适用面积大，且系统很少受环境和场地的限制。集热器可分别安装在相邻的屋顶，热水箱位置可根据实际情况随意安排。

561. 为什么全玻璃真空集热管型太阳热水器不宜长时间闲置?

因为全玻璃真空集热管型太阳热水器热效率很高，尤其是在夏季晴天的情况下，水箱水温很快就可达沸点，若长时间不用水，使水箱长时间处于高温、高压的状态下，会促使密封圈老化，加速聚氨酯的老化、萎缩，有时排气不畅通，压力太大还会使水箱胀坏，同时还易结水垢，缩短水箱的寿命。所以全玻璃真空集热管型太阳热水器不宜长时间闲置。

562. 太阳热水器为什么要把反射板（反射板与集热管平行）倾角通常设计为45°和30°两种？

在安装固定太阳热水器的集热部分时，为了得到最大的年日射量，在正午时必须尽可能使集热部分的采光面垂直于阳光。由于我国地域宽广，幅员辽阔，南北地区纬度差别较大，因此为满足上述要求，经过计算归纳将太阳热水器集热部分倾角设计为45°和30°两种。由于北方地区纬度较高，冬季阳光与地面夹角较小，宜使用倾角大的太阳热水器，所以北方地区多选用45°倾角的太阳热水器，而南方地区多选用30°倾角的太阳热水器。

563. 如何选购优质全玻璃真空集热管型太阳热水器？

选购优质的全玻璃真空集热管型太阳热水器应注意以下几点：

（1）水箱的密封性应良好，最好是采用自动氩弧焊或脉冲电阻焊加工的不锈钢食品级水箱内胆。

（2）水箱保温采用聚氨酯整体发泡材料，并且厚度在55毫米以上。

（3）全玻璃真空集热管应选择质量和性能卓越的品牌。

（4）真空管支数与水箱容积配比应合理。

（5）外形美观大方。

（6）支架的整体结构合理，应具有较强的抗风能力。

（7）反光板材质要好，形状要合理等。

564. 全玻璃真空集热管型太阳热水器和真空热管型太阳热水器相比各有什么优缺点？

（1）全玻璃真空集热管型太阳热水器优点是：①结构较简单，技术要求较低；②体积相对较小；③成本较低；④优质镀膜管寿命较长；⑤单位面积吸收效率较高。

缺点是：①镀膜管本身承压能力较低，不能带压运行；②防垢能力较低，结垢后处理比较困难；③单管损坏会导致整台热水器不能正常工作。

（2）真空热管型太阳热水器的优点是：①承压能力较强，可承压运行；②防垢能力较强，水垢对其影响较弱；③单管损坏，不会影响热水器的正常运行。

缺点是：①结构复杂，管口部位为玻璃与金属直接熔封，因两者膨胀系数不同，制作困难，技术要求较高；②体积较大；③成本较高；④因管口材料膨胀系数不同，易造成管口漏气，相对寿命较短；⑤因经二次传导和集热材料不同，单位吸热面积吸热效率相对较低。

565. 怎样根据家庭需要选择太阳热水器的容量？

一般情况下可按每人每次淋浴用水 35～40 千克计算。每根 ϕ47 毫米长 1.5 米的真空管，在晴朗的天气情况下，可加热 40℃以上热水 6.5 千克左右，根据家庭人口数和习惯，就可推算出洗浴用水量并估算出所需太阳热水器容量了。

566. 怎样判别太阳热水器的优劣？

太阳热水器是太阳能热利用的一种，整个热水器包括集热部分、贮热部分、支架部分。

（1）判别集热部分的优劣最主要的根据是集热元件的吸收率和发散率，这与材料和制作工艺有关。

（2）贮热元件是热水器的仓库，它的质量保证有两个：一是不漏，二是保温。内胆焊接方式是主要的，焊接的强度及材料是否防腐是内胆质量的关键，另外，保温材料决定保温性能，寒冷地区必须采用加厚保温层。

（3）支架支持主机部分运行，保证集热元件正确的位置，它需要与主机的其他元件有相同的寿命，这就需要有很好的强度和防腐能力，判别它的优劣，可以目测它的材料、厚度、表面处理。

567. 为什么不锈钢也会“生锈”？

不锈钢是以超过60%的铁为基体，加入铬、镍、钼等合金元素的高合金钢，其最大特点是耐腐蚀能力较强，但不锈钢并非绝对不生锈。

在沿海地区或某些空气污染严重的地方，当空气中氯离子含量较大时，暴露在大气中的不锈钢表面可能会有一些锈斑，但这些锈斑只限于表面，不会侵蚀不锈钢内部基体。

568. 为什么有的不锈钢带磁性？

不锈钢的种类很多，按其组成分类有：奥氏体钢、铁素体钢、马氏体钢、双向不锈钢（奥氏体＋铁素体）。根据各种不锈钢的固有特性，有些是无磁性的，但有些是有磁性的。不锈钢大多数带有磁性，因此，用磁体吸附不是鉴别不锈钢的科学方法。

569. 在安装太阳热水器时，为什么要安装逆止阀？

在太阳热水器实际使用过程中，当自来水水压低于太阳热水器的热水水压时，太阳热水器的热水将出现热水回流现象，为避免发生此现象，可以安装逆止阀，以免造成不必要的麻烦，同时也可节约自来水。

570. 安装太阳热水器如何采取有效的避雷措施？

在安装太阳热水器时，必须采取有效的避雷措施，以确保使用太阳热水器的安全。但由于楼房的避雷装置，是在建筑施工时就已经安装好的，所以在安装太阳热水器时，只能借助建筑物上原有的避雷设施，将太阳热水器支架和避雷设施连接在一起。

571. 为什么个别太阳热水器安装后会出现热水水流不畅的现象？

造成水流不畅的主要原因为：一是水箱内出水口或外接管件处有异物阻塞；二是水箱排气口有异物或管径过小使排（进）气不畅；三是下水管道在安装时出现折伤，造成管径狭小。

572. 周围没有自来水，怎样使用太阳热水器？

在没有自来水的地区要使用太阳热水器，一般可借助水泵上水，另外再增设一辅助水箱与太阳热水器同一高度，用以储存凉水，以便洗浴时对凉水。

573. 如何判别太阳热水器水满？

一般太阳热水器安装有溢流管，可根据溢流管是否排水判断水满状态，另外可以配备水位控制仪，水满自动报警，根据报警判别。

574. 如何使太阳热水器在北方严寒地区使用时，其上下水管不冻？

北方严寒地区，太阳热水器的上下水管在烟道或排气孔内的部分不会结冻，主要是裸露在楼外部分需要做防寒处理，以前大多采用加厚保温层，外面用玻璃布包裹，表面再涂上沥青的方法，但这种方法安全性较差。

现在多采用自限温电热带的方法，当气温特别低时，可将此接通。这就较好地解决了上下水管的冻堵问题。

同时，还有采用管道排空阀使管道在不使用时处于无水状态，这在设计思想上更进一步。彻底解决了管道不冻，确保太阳热水器一年四季安全使用。

575. 安装全玻璃真空集热管型太阳热水器为什么要留排气管？

因为普通直插式真空集热管型太阳热水器为非承压结构，只能在常压下运行。如果不留排气口，在上水（排水）时，会使水箱承受正压（负压），从而使水箱胀破或抽瘪而报废。所以，安装全玻璃真空集热管型太阳热水器必须要留排气管。

576. 太阳热水器系统漏水的原因有哪些？

（1）排气三通处漏水。

（2）上、下水管与水箱接口处漏水。即管道连接不紧、管件损坏、水嘴松动。

（3）室内管路部位漏水。即管道连接不紧，管件损坏。

（4）淋浴器漏水。即阀门损坏或金属软管损坏、密封垫损坏或连接不紧造成漏水。

（5）真空管与水箱连接部位漏水。即硅胶圈损坏或密封不好，内胆与外壳不同心。

（6）真空管破损，造成漏水。

（7）焊接口开裂。

577. 电加热器的“防干烧”是什么意思？

“防干烧”一是指电加热器选用的是英格莱不锈钢电加热管，本身具有承受一定时间干烧的能力；二是电加热器集成了自动限温控制元件，达到限定温度时自动断电，使在无水状态下不致长时间运行而烧毁电热器。

578. 热管式真空集热管在太阳热水器的利用上都有哪些优点？

（1）热管传热可以从根本上解决全玻璃真空集热管因结水垢和沉淀脏物、炸管不能使用、上水受时间限制的问题。

（2）热效率高。能使管内的热量全部迅速地传导给保温水箱，热量不倒流。在天气阴晴多变的情况下，比其他太阳热水器产生更多的热水。

（3）安装使用方便，单管损坏也不影响整机使用。

（4）抗严寒，高热效，最高闷晒温度可达 270℃，－40℃低温下正常运行，抗冲击性好。

（5）热管式真空集热管具有不走水、不炸管、不冻管、不结垢、不漏水和产热水水质纯净等特点。

579. 太阳热水器在使用过程中应注意哪些问题？

（1）注意上水时间。

（2）根据天气情况，决定上水量，保证洗浴时适当的水温。

（3）定期检查热水器的管道，排气孔等元件是否正常工作。

（4）大气污染严重或风沙大、干燥地区定期冲洗真空管。

（5）热水器安装后，非专业人员不要轻易挪动、装卸整机，以免损坏关键元件。

580. 全玻璃真空集热管型太阳热水器的使用和维护应注意什么？

（1）要定期清除集热器上的灰尘，确保集热器的清洁，提高光热转换效率。

（2）坚决杜绝无水空晒，如出现无水空晒的情况，应在晚间集热器温度降下来时或早上太阳没升起来时上水，避免集热器损坏。

（3）定期检查循环管路情况，保持循环管路一切正常，保证热水器的正常运行。

（4）在自来水压力过大的地区，在上水时应将阀门半开，以免排气孔出水。

（5）在冬季溢流管裸露在外面时，应在热水器上满水时，打开热水龙头使其回流 15～20 升，以免溢流管滴水冻结。

（6）冬季使用电加热等用电的辅助装置时，在使用太阳热水器时，应先拔下电源插头，以免漏电伤人。

（7）夏季使用全玻璃真空集热管型太阳热水器时，要随时注意调试水温，以免烫伤。

（8）用户在使用太阳热水器前一定要详细阅读用户使用说明书，避免因操作不当，使太阳热水器损坏，或造成人员伤害，带来不必要的麻烦。

主要参考文献

[1] 周孟津等．沼气生产利用技术．北京：中国农业大学出版社，1999

[2] 苑瑞华等．沼气生态农业技术．北京：中国农业出版社，2001

[3] 张百良等．农村节能技术．北京：中国农业大学出版社，1999

[4] 郭继业等．节能炕灶问答 200 例．北京：工人出版社，1986

[5] 郭继业等．省柴节煤灶炕．北京：中国农业出版社，2001

[6] 谢建等．太阳能利用技术．北京：中国农业大学出版社，1999

[7] 刘国发，赵丽娟，黄岳海．乡村太阳房．北京：中国农业出版社，2001

[8] 郝芳洲等．农业工程手册．北京：农业出版社，1993

图书在版编目（CIP）数据

新农村生态家园建设500问/唐春福主编．—4版．—北京：中国农业出版社，2009.5

ISBN 978-7-109-13794-3

Ⅰ．新…　Ⅱ．唐…　Ⅲ．农村—能源—综合利用—问答　Ⅳ．S210.7—44

中国版本图书馆CIP数据核字（2009）第055019号

中国农业出版社出版

（北京市朝阳区农展馆北路2号）

（邮政编码 100125）

责任编辑　张洪光

中国农业出版社印刷厂印刷　　新华书店北京发行所发行

2009年5月第4版　　2012年8月第4版北京第7次印刷

开本：850mm×1168mm 1/32　　印张：10　　插页：6

字数：238千字　　印数：61 801～65 800册

定价：22.00元